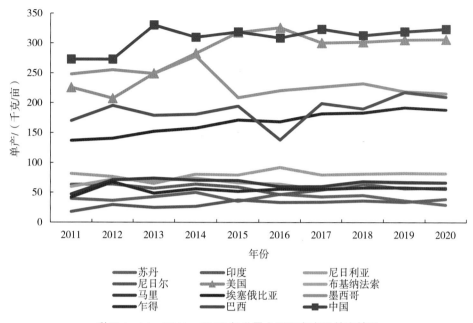

彩图 1-14　2011—2020 年世界主要国家高粱单产情况

注：按 2020 年世界高粱面积前 12 名制作，中国位于第 12 名。

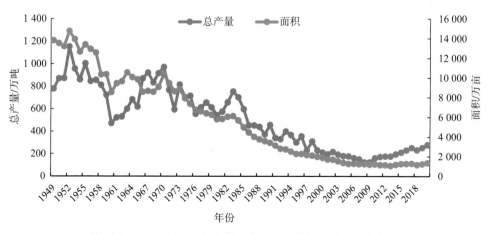

彩图 1-15　1949—2020 年，中国谷子种植面积、总产变化

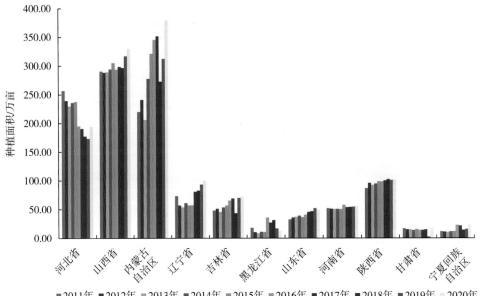

彩图 1-17　主产省份谷子种植面积情况

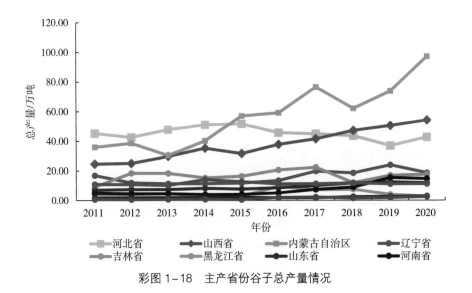

彩图 1-18　主产省份谷子总产量情况

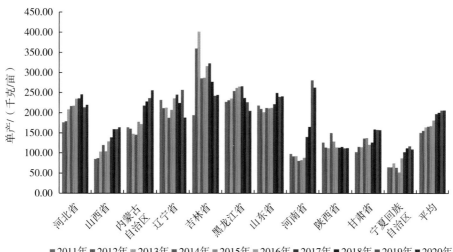

彩图 1-19　主产省份谷子种植单产情况

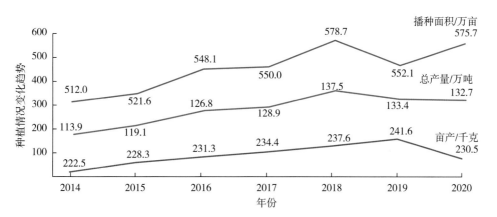

彩图 1-23　2014—2020 年中国青稞种植面积、总产和单产变化

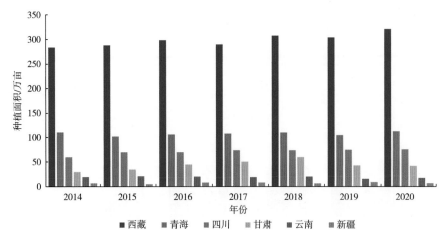

彩图 1-25　2014—2020 年我国青稞主产省（区）种植面积情况

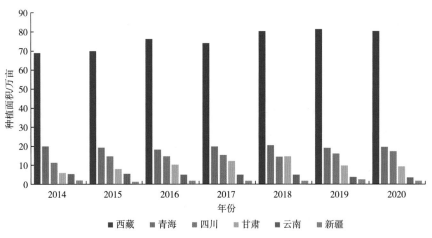

彩图 1-26　2014—2020 年我国青稞主产省（区）总产情况

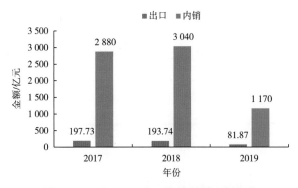

彩图 2-9　2017—2019 年内外销金额变化

禾谷类杂粮绿色高效生产技术系列丛书

禾谷类杂粮产业
现状与发展趋势

李顺国
刘　猛　主编

李顺国
夏雪岩　丛书主编
刘　猛

中国农业科学技术出版社

图书在版编目（CIP）数据

禾谷类杂粮产业现状与发展趋势 / 李顺国，刘猛主编 . -- 北京：中国农业科学技术出版社，2023.5

（禾谷类杂粮绿色高效生产技术系列丛书 / 李顺国，夏雪岩，刘猛主编）

ISBN 978-7-5116-6132-6

Ⅰ . ①禾…　Ⅱ . ①李…　②刘……　Ⅲ . ①禾谷类作物－杂粮－农业产业－产业发展－研究－中国　Ⅳ . ① F326.11

中国版本图书馆 CIP 数据核字（2022）第 246674 号

责任编辑	朱　绯　李　娜
责任校对	马广洋
责任印制	姜义伟　王思文

出 版 者	中国农业科学技术出版社
	北京市中关村南大街 12 号　　邮编：100081
电　　话	（010）82109707（编辑室）　（010）82109702（发行部）
	（010）82109702（读者服务部）
传　　真	（010）82109707
网　　址	https：// castp.caas.cn
经 销 者	各地新华书店
印 刷 者	北京科信印刷有限公司
开　　本	170 mm×240 mm　1/16
印　　张	10.25　彩插 4 面
字　　数	178 千字
版　　次	2023 年 5 月第 1 版　2023 年 5 月第 1 次印刷
定　　价	36.00 元

《禾谷类杂粮产业现状与发展趋势》
分册编委会

主　编　李顺国　河北省农林科学院谷子研究所

　　　　　刘　猛　河北省农林科学院谷子研究所

副主编　张志鹏　辽宁省农业科学院高粱研究所

　　　　　姚有华　青海大学农林科学院（青海省农林科学院）

　　　　　赵　宇　河北省农林科学院谷子研究所

　　　　　崔纪菡　河北省农林科学院谷子研究所

　　　　　赵文庆　河北省农林科学院谷子研究所

其他编者（按姓氏拼音排序）：

　　　　　白羿雄　青海大学农林科学院（青海省农林科学院）

　　　　　柴晓娇　赤峰市农牧科学研究所

　　　　　董孔军　甘肃省农业科学院作物研究所

　　　　　冯耐红　山西农业大学经济作物研究所

　　　　　龚瑞平　蔚县农业农村局

　　　　　冀彦忠　武安市农业农村局

　　　　　李　佳　武安市农业农村局

　　　　　李清泉　黑龙江省农业科学院齐齐哈尔分院

刘恩魁　武安市农业农村局

鲁一薇　河北省农林科学院谷子研究所

马天进　贵州省农作物品种资源研究所

王　孟　榆林市农业科学研究院

魏志敏　河北省农林科学院谷子研究所

吴昆仑　青海大学农林科学院（青海省农林科学院）

夏雪岩　河北省农林科学院谷子研究所

校诺娅　河北省农林科学院谷子研究所

姚晓华　青海大学农林科学院（青海省农林科学院）

赵　凯　山西农业大学农学院

张艾英　山西农业大学谷子研究所

谷子、高粱、青稞等禾本科杂粮作物，具有抗旱耐瘠、营养丰富、粮饲兼用等特点，种植历史悠久，是我国东北、华北、西北、西南等地区重要的传统粮食作物，且在饲用、酿酒、特色食品加工等方面具有独特优势，在保障区域粮食安全、丰富饮食文化中发挥着重要作用。为加强政府、社会大众、企业对谷子、高粱等旱地小粒谷物的重视，联合国粮农组织将2023年确定为国际小米年，致力于充分发掘小米的巨大潜力，让价格合理的小米食物为改善小农生计、实现可持续发展、促进生物多样性、保障粮食安全和营养供给发挥更大作用。

当前，注重膳食营养搭配，从粗到细再到粗，数量从少到多再到少；主食越来越不"主"、副食越来越不"副"，从"吃得饱"到"吃得好"再到"吃得健康"，标志着我国人民生活水平不断提高，顺应人民群众食物结构变化趋势。让杂粮丰富餐桌，让人们吃得更好、吃得更健康，是树立"大食物观"的出发点和落脚点。2022年12月召开的中央农村工作会议提出，要实施新一轮千亿斤粮食产能提升行动。随着科技的进步和农业规模化生产的发展，我国粮食保持多年稳产增产，主要粮食产地的主粮作物产量已经接近上限，增产难度不断加大。相比主产区、主粮，我国还有大量的其他类型土地，以及丰富的杂粮作物品种。谷子、高粱等禾谷类杂粮曾是我国的主粮，由于栽培烦琐、不适合机械化以及消费习惯等原因，逐步沦为杂粮。随着科技进步，科研人员培育出了适合机械化收获的矮秆谷子、高粱新品种，配套精量播种机、联合收获机，实现了全程机械化生产。禾谷类杂粮实际产量与潜在产量之间存在着"产量差"，增产潜力巨大。例如，谷子目前全国单产为 200 千克/亩（1 亩 ≈ 667 米^2，15 亩 =1 公顷），高产纪录为 843 千克/亩。在我国干旱、半干旱区域以及盐碱地等边际土地充分挖掘禾谷类杂粮增产潜力，通过品种、土壤、肥料、农机、管理等农机农艺结合、良种良法配套增加边际土地粮食产量，完全能够为我国千亿斤粮食产能提升行动作出新贡献。中央农村工作会议再一次重申构建多元化食物供给体系，也表明要更多关注主粮之外的食物来源。我国干旱半干旱、季节性休耕、盐碱边际土地等适宜种植杂粮，比较优势明显的区域有 7 000 万公顷以上。杂粮的生态属性、营养特性和厚重的农耕文化必将在乡村振兴战略、健康中国战略新的时代背景下焕发出新生机并衍生出新业态。

随着我国人民生活水平的不断提高，对杂粮优质专用品种的需求日益迫切，并随着农业生产方式的转型，传统耕种方式已经不能适应现代绿色高质高效的生产需要。针对这一问题，国家重点研发专项"禾谷类杂粮提质增效品种筛选及配套栽培技术"以突破谷子、高粱、青稞优质专用品种筛选和绿色优质高效栽培技术为目标，在解析光温水土与栽培措施对品种影响机制及其调控途径的重大科学问题基础上，紧密围绕当前生产中急需攻克的关键技术问题，即品种适应性评价与品种布局技术、优质专用品种筛选以及配套绿色栽培技术，重点开展了①禾谷类杂粮作物品种生态适应性评价与布局；②禾谷类杂粮品种—环境—栽培措施的互作关系及其机理；③禾谷类杂粮增产与资源利用潜力挖掘；④禾谷类杂粮优质专用高产高效品种筛选；⑤禾谷类杂粮高效绿色栽培技术等五方面的研究。

本丛书为国家重点研发专项"禾谷类杂粮提质增效品种筛选及配套栽培技术（2019—2022 年）"项目成果，全面介绍了谷子、高粱、青稞等禾谷类杂粮的突出特点、消费与贸易、加工与流通、产区分布、产业现状、生长发育、生态区划、优质专用品种以及各区域全环节绿色高效生产技术，科普禾谷类杂粮知识，为新型经营主体介绍优质专用新品种及配套优质高效生产技术，从而提升我国优质专用禾谷类杂粮生产能力，适于农业技术推广人员、新型经营主体管理人员、广大农民阅读参考。丛书分为《禾谷类杂粮产业现状与发展趋势》《谷子绿色高效生产技术》《高粱绿色高效生产技术》《青稞绿色高效生产技术》4 个分册，得到了国家谷子高粱产业技术体系等项目的支持。

由于时间仓促，不足之处在所难免，恳请各位专家、学者、同人以及产业界朋友批评指正。

李顺国

2023 年 2 月 2 日

目 录
CONTENTS

第一章 禾谷类杂粮生产概况

第一节 禾谷类杂粮的种类及其特点

禾谷类杂粮主要包括谷子、高粱、糜子、燕麦、青稞等作物，具有抗旱耐瘠、环境友好、营养丰富、粮饲兼用等突出特点。国家重点研发专项"禾谷类杂粮提质增效品种筛选及配套栽培技术"主要研究对象为谷子、高粱和青稞，本书为专项第五课题"禾谷类杂粮高效绿色栽培技术研究与示范"研究成果，主要涉及的禾谷类杂粮是谷子、高粱、青稞。

一、谷子——杂粮之首

谷子起源于我国，其栽培历史已有 8 700 多年，古称粟，曾长期是我国北方的主要粮食作物。20 世纪 80 年代以来，随着玉米、小麦等大宗作物单产的提高、栽培的轻简化以及谷子本身栽培繁杂和市场需求的不足，我国谷子种植面积逐渐萎缩，目前为 1 300 万亩左右。谷子具有抗旱耐瘠、水分利用效率高、适应性广、营养丰富且平衡、饲草蛋白质含量高等突出特点，在干旱日趋严重、人们膳食结构亟待调整以及畜牧业不断发展的形势下，谷子所具有的特殊的营养性、生态性以及源远流长的文化底蕴将在未来种植业结构调整和产业发展中具有重要作用。

1. 谷子的起源与传播

谷子驯化时间起始于距今 1 万年前后，河北徐水南庄头、北京东胡林遗址的粟类淀粉距今 11 000—9 000 年。距今 8 000 年前后是农业起源的关键阶段，这一时期代表性遗址有河北武安磁山遗址、河南新郑裴李岗遗址和沙窝李遗址、甘肃秦安大地湾遗址、内蒙古自治区敖汉兴隆沟遗址。在河北武安磁山遗址发现大量贮存粮食的窖穴（灰坑），据测算贮存炭化粟达 70 000 千克左右。出土了以石镰、石铲、石刀、石斧、石磨盘与石磨棒为主的粮食生产与加工工具，证明磁山先人已摆脱蒙昧状态，有较发达农业，并种植粟类作物。出土遗存证明这一时期谷子在中国北方完成了驯化并开始种植。中国谷子文化遗存从距今 1 万多年到 3 000 年达到 60 余处，主要分布于黄河流域，贯穿了整个中华民族发展历史，是中国北方农耕文明的载体作物。谷子以中国为起源中心的东亚地区传播各不相同，游修龄认为，粟经山东半岛和辽东半岛传入朝鲜、日本，并可能经由川滇通过陆路经缅甸、泰国和马来西亚半岛而传入南洋群岛。石兴邦（2000）认为，印度的粟应是从中国传过去的。

2. 新育成优质品种替代传统老品种

2020 年，冀谷 39、张杂谷 13、金苗 K1 等新育优质抗除草剂新品种替代传统优质品种速度加快，冀谷 39、张杂谷 13 推广面积均达到 87 万亩[①]，金苗 K1 推广面积达到 111 万亩。2021 年 3 个品种推广面积继续扩大，冀谷 39 推广面积 100 万亩、张杂谷 13 推广面积 130 万亩、金苗 K1 推广面积 140 万亩。2022 年 3 个品种推广面积继续扩大，冀谷 39 推广面积 105 万亩、张杂谷 13 推广面积 160 万亩、金苗 K1 推广面积 200 万亩。新育成的优质、抗除草剂品种金苗 K1 和传统农家种黄金苗品质相当，该品种聚合了抗除草剂、矮秆基因，适合全程轻简化生产，新品种推出之后快速替代黄金苗，2020 年金苗 K1 种植面积达到 111 万亩，黄金苗种植面积由 2019 年 81 万亩降至 2020 年的 27 万亩。2022 年冀杂金

图 1-1　冀杂金苗 3 号

苗 3 号（图 1-1）示范种植面积 10 万亩左右，主要分布在内蒙古、辽宁、河北北部、山西北部。在内蒙古赤峰市旱地种植亩产达 300~400 千克，膜下滴灌种植亩产达 400~600 千克。由于冀杂金苗 3 号是独秆不分蘖，抗倒性非常好，在赤峰当地种植，农民称其为铁秆谷子。在赤峰市老谷子

---

① 1 亩 ≈ 667 米^2，全书同。

种植区谷瘟病、穗瘟病发生非常严重的情况下，冀杂金苗3号表现出非常好的抗病性，整个生育期没有谷瘟病，更没有穗瘟病。农民买谷子时不仅没有病粒，而且米色鲜黄，口味黏香，出米率高，谷子价格和当地的最知名的金苗K1价格持平，是小米加工厂认可的一类米。

3. 谷子的抗旱性

谷子（图1-2）抗旱耐瘠，被称为"旱地农业的绿洲"，其种子萌发需水量仅为自身重量的26%，而高粱、小麦、玉米的需水量分别为40%、45%和48%，并具有较低的蒸腾系数和较高的蒸腾效率，其蒸腾系数为240，而玉米和小麦分别为369和510；谷子的蒸腾效率为3.89，较豆类高1.3倍，较麦类高1倍；谷子具有较好的耐瘠薄性，在含氮0.04%~0.07%、有机磷8毫克/千克、有机质0.04%的贫瘠土地上，仍能获得较高产量，因此，谷子是旱地农业理想的种植作物。谷子抗旱耐瘠、水分利用效率高、适应性广，是典型的环境友好型作物。在旱作农业中有重要作用，而且针对日益严重的水资源短缺，谷子还是重要的战略储备作物。在《王祯农书》中记有"五谷之中，惟粟耐陈，可历远年"。《新唐书·食货志》进而提出"粟藏九年，米藏五年，下湿之地，粟藏五年，米藏三年"。一般条件下，谷子能储藏5~7年，远远长于水稻、小麦等作物。俗话说"陈芝麻烂谷子"，是说陈旧、久远的小事，"七十年谷子八十年糠"，也反映了谷子可以长时间储存的特点。

图1-2 谷子

4. 谷子（小米）的营养与药用价值

小米粗蛋白质含量平均为11.42%，高于稻米、小麦粉和玉米；小米中人体必需的氨基酸含量也较为合理，除赖氨酸较低外，小米中人体必需的氨基酸指数分别比稻米、小麦粉、玉米高41%、65%和51.5%；小米中粗脂肪含量平均为4.28%，高于稻米、小麦粉，与玉米近似，其中不饱和脂肪酸占脂肪酸总量的85%，有益于防止动脉硬化；碳水化合物含量为72.8%，低于稻米、小麦粉和玉米，是糖尿病患者的理想食物；小米的维生素 A、维生素 B_1 含量分别为 0.19 毫克 /100 克和 0.63 毫克 /100 克，均超过稻米、小麦粉和玉米；小米中的矿物质含量如铁、锌、铜、镁均大大超过稻米、小麦粉和玉米，钙含量大大超过稻米和玉米，低于小麦粉。

小米能益肾和胃、除热补虚、开肠胃。小米含有丰富的色氨酸，可轻松被人体吸收，色氨酸会促使人体分泌 5- 羟色氨酸促进血清素生成，因此，小米是很好的安眠食品。小米具有防治神经衰弱的作用，可应用于老年保健食品开发。小米具有防止反胃、呕吐的功效，还具有滋阴养血的功能，可以使产妇虚寒的体质得到调养，帮助她们恢复体力。小米具有减轻皱纹、色斑、色素沉着的功效。谷维素对周期性精神病、胃、十二指肠溃疡、慢性胃炎、高胆固醇脂血症等，有显著疗效。有壮阳、滋阴、优生的功能因子及作用。《神农本草经》记载，小米味咸，微寒；主养肾气，去胃、脾中热，益气；陈者，味苦，主胃热，消渴，利小便。

随着现代人们膳食结构及生活方式的改变，作为主食的大米、白面逐渐增多，而五谷杂粮日渐从人们的餐桌上减少，居民膳食纤维摄取量逐渐下降，肥胖、高血压、糖尿病等富贵病发病率持续上升。由于谷子营养均衡，对糖尿病、心脑血管疾病、皮肤病等多种疾病有食疗作用，所以近年来随着人们消费水平的提高以及对食品营养、健康与安全的关注，消费者对谷子（小米）的需求逐年增加，尤其是优质绿色谷子（小米）销售旺盛，以谷子（小米）为主的杂粮越来越成为人们餐桌的必备食品。

5. 经济效益保持增长

近十几年，我国谷子生产收益总体呈上升趋势。2009—2021 年，全国谷子生产收益由 346 元 / 亩增长至 681.04 元 / 亩。我国谷子耕种收综合机械化水平由 2009 年的 9% 提升至 2021 年的 51.1%，农机成本由 58 元 / 亩增长至 105.02 元 / 亩，增长 81.03%；人工成本呈先增后降的趋势，2014 年以前，人工单价增长较快导致人工成本增加，之后，由于机械化水平提高，劳动投入减少，2014—2021 年，人工成本由 233 元 / 亩减少至 211 元 / 亩，减少 9.44%。

二、高粱——最佳酿造原料

1. 高粱的特点

高粱（*Sorghum bicolor*）起源于非洲，是世界上最古老的禾谷类作物之一，在中国也有着悠久的栽培历史，并与谷子、黍稷、大豆构建了中国农耕文化的旱作生态农业体系。高粱是全球第五大粮食作物，也是中国北方的重要粮食作物。随着 20 世纪 60 年代以来全球范围"绿色革命"带来的小麦、玉米、水稻等主粮全面高产，以及 20 世纪 80 年代中国改革开放后，伴随着国民经济的增长和人民生活水平的提高，高粱的主要用途逐步从食用转变为酿造用，导致中国高粱种植面积逐步下降，成为重要的杂粮作物。高粱具有较强的抗旱、耐涝、耐盐碱、耐贫瘠、耐高温等抗逆特性，属于 C4 作物，光合效率高，生物产量高，可在干旱、盐碱和瘠薄的边际土地上种植，被认为是最具开发潜力的粮饲作物和能源植物。同时，高粱的用途广泛，可食用、饲用、酿造用、生物能源用、化工材料用等。高粱曾是我国的重要粮食作物，种植面积最大时达到 1.4 亿亩（1952 年），在中国东北、华北、西北干旱地区的农作物生产体系中具有不可替代的优势。高粱还具有良好的耐盐碱性，在一些其他农作物不能正常生长的地区也能正常生长。近年来，为了促进农业可持续发展，中国开始实施种植业结构调整规划，高粱以其优异的抗旱性、耐盐碱性成为种植业结构调整中重要的替代作物（图 1-3）。

图 1-3　高粱

（1）高粱的抗旱性

高粱是一种抗旱本领很强的作物，所以人们称它为"植物界的骆驼"。高粱根系十分发达，有初生根、次生根和支持根，而且分布广，在土壤中扎得深，可深扎 1.8 米以下，使它能在较大的范围内接触到水分。根的内皮层有硅质沉淀使根坚韧，能承受较大的土壤缺水的收缩压力，抗旱性强。高粱叶子的面积较小，叶面光滑而且有蜡质覆盖；气孔数目比较少，茎秆外面由厚壁细胞组成，而且也附有蜡质粉状物。这些特点使高粱能够减少水分损耗。通过气孔调节水分的蒸腾，也是高粱抗旱的重要途径。高粱原产热带，抗热本领高，在干旱季节，它能暂时转入"休眠"状态，停止生长，等到获得水分时再恢复生长。这就增强了高粱的抗旱力。另外，高粱耐旱的原因是它对水分的利用有开源节流的本领，吸收多、损耗少，所以能够在干旱的季节里保持体内的水分平衡。

（2）高粱的抗涝性

高粱还具有一定的抗涝能力。一般来说，涝灾不是因为多水（植物的根系浸在水里也能很好地生长），而是由缺氧导致。由于土壤积水过多，排出了土壤中的空气，使得根系得不到足够的氧气而死亡。高粱的根系对缺氧所造成的危害具有一定的抵抗能力。此外，高粱茎秆高，又比较坚硬，水分不易透入体内，也是它能抗涝的原因之一。

（3）高粱耐盐碱性

高粱不同生育阶段忍受盐碱的能力是不一样的。研究表明，在 0~20 厘米土壤深度内，全盐含量在 0.292% 以内时，高粱出苗良好，幼苗生长正常；拔节期全盐含量在 0.51% 以内时，表现生长正常；孕穗期全盐含量在 0.65% 以内时，高粱生长正常。高粱的耐盐性表现在根系能从高盐分含量的土壤中吸收水分，以维持体内正常的生理活动所需要的水势。耐盐性还表现在高盐分条件下，保持了细胞原生质膜的稳定性，因而保证了生理代谢功能的正常进行。

（4）高粱的抗寒性

在种植高粱的高纬度地区和低纬度的高海拔地区，在高粱生育的不同阶段，尤其是生育前期和后期，常会遇到短期 0℃ 以上的低温，导致生育延缓，或不能正常成熟而减产，这种低温称为冷害。高粱抗寒性是由于细胞膜透性的改变和膜质发生相变。马世均等（1982）研究表明：种子干胚膜中不饱和脂肪酸含量高有利于膜的液化，因而不易受低温伤害。种子干胚膜脂肪酸不饱和度的高低，基本上与品种抗寒等级相一致。

（5）高粱的食用性

高粱米的主要营养成分，按占干物质计，粗蛋白质9%，粗脂肪3.3%，碳水化合物85%，粗纤维1%，以及钙、磷、铁等矿物质元素和B族维生素。高粱有红、白之分。红色高粱米称为酒高粱，主要用于酿酒，如中国的名酒茅台、五粮液、汾酒等都是以红高粱为主要原料。高粱米具有和胃、消积、温中、涩肠胃、止霍乱的功效；主治脾虚湿困、消化不良及湿热下痢、小便不利等症。

2. 种植效益总体呈增加趋势

据国家谷子高粱体系生产监测，2009—2021年，全国高粱种植效益由506元/亩增长至756元/亩，增幅49.4%。我国高粱耕种收综合机械化水平由2013年的51%提升到2019年的66.5%，农机成本由144元/亩降至113.2元/亩，降低21.4%；人工成本由128元/亩降至88元/亩，降低31.3%；肥料投入由136元/亩降至124.8元/亩，降低8.2%。2021年北方高粱产区雨季开始早、结束晚、雨期长，影响秋粮生产，但高粱耐涝性强优势突出，亩产500千克以上，纯收益达每亩1 000元。

3. 品种多样化发展、更新速度加快

近两年，除酿造高粱以外，饲用、食用、帚用等类型种植面积逐渐增多。据国家谷子高粱产业技术体系监测，内蒙古赤峰帚用高粱面积增长10%；山西、内蒙古的饲用高粱种植面积增长20%；河北衡水、秦皇岛等食用高粱种植面增长10%。矮秆、淀粉含量高、高产、适合机械化收获酿造高粱品种更新速度加快，2020年东北、华北种植面积增长10%左右。

4. 规模化生产发展较快

国家谷子高粱产业技术体系以矮秆、适合机械化收获品种培育突破为核心，与农机具、生物防治等技术相结合，集成创新了高粱轻简高效绿色机械化生产技术，华北及东北地区技术推广率达到70%，该技术较普通种植每亩节约人工2~4个，每亩节本增效200元以上，促进了高粱生产从传统向现代的转变。东北、华北地势平坦，高粱种植是以种植大户、合作社、家庭农场、企业等新型经营主体开展的高粱轻简化、规模化种植，一般种植规模百亩以上，少数达到千亩以上规模。

三、青稞——藏区主粮

青稞是藏区的主导优势作物和藏区农牧民赖以生存的主要食粮，青稞产业是藏区农牧业的主导产业和特色产业（图1-4）。我国青稞常年播种面积500万亩左右，占藏区耕地面积近1/3，占藏区粮食播种面积的60%左右，年产量114.7万吨。青稞作为藏区最具优势的特种粮食作物，是藏区农业生产首选，甚至唯一可选择的作物，具有不可替代性，也是该区域藏族群众的基本口粮来源，青稞生产的发展对于藏区粮食安全、维护藏区社会稳定具有重大意义，有"青稞增产、农民增收"的说法。此外，青稞还具有丰富的β-葡聚糖、γ-氨基丁酸、膳食纤维、维生素和对人体有益的微量元素，以及特殊的淀粉特性，在保健品、食品、酿酒等领域具有重要应用前景，极具开发价值。因此，青稞的开发对于促进藏区经济发展意义重大。

图1-4 青稞

1. 青稞的起源与传播

青稞在我国具有悠久的栽培历史。在距今3 500年新石器时代晚期的西藏昌果沟遗址内发现了青稞炭化粒，从而说明在新石器时代晚期，雅鲁藏布江中部流域已经形成了与长江、黄河流域遥相呼应的青稞为主栽作物的农业。在3 000多年的栽培利用过程中，青稞还逐渐演化成为该地区的一种文化象征，尤其对在青藏高原生活的人们来说，青稞已不仅仅是一种食物，更被赋予诸多情感、精神、地域、民族等文化内涵（图1-5）。

青藏高原被誉为"世界第三极"，区内生态环境多样、复杂，特别是高寒、低压、强辐射、缺氧、冻土等极端环境，孕育了丰富而特别的物种资源，是世界重要的基因资源库。研究青稞起源的意义不仅仅在于了解青稞的起源本身，更重要的是要研究青稞与近东大麦野生种、栽培种以及西藏野生大麦之间的遗传差异，探索在青藏高原极端气候条件下青稞的适应性进化情况，从而为极端条件下的粮食生产提供相应参考。关于青稞的起源有两种观点。一种观点认为青稞起源于西藏二棱野生大麦

图1-5　青稞

（*Hordeum spontaneum* C. Koch），之后产生钝稃大麦、芒稃大麦、瓶形大麦、野生六棱大麦，野生六棱大麦又分化出野生六棱裸粒，最后野生六棱裸粒驯化为栽培六棱裸粒即青稞，西藏是青稞的驯化中心（徐廷文，1982）。另一种观点认为野生二棱大麦起源于"新月沃地"并驯化为栽培种，随后向东传播，进入藏区并最终驯化为裸粒大麦青稞。2014年，兰州大学对西藏东北部的考古研究发现，西藏贡嘎县昌果沟遗址内发现了青稞炭化粒，该遗迹与粟和小麦的遗迹共存（傅大雄等，2000）。目前，在青藏高原还没有发现更早的青稞遗迹，所有遗址的考古证据表明在距今3 500年的新石器时代晚期，青藏高原东北部的黄土高原上可能有农耕文明的存在，粟是主要的粮食作物，小麦、青稞可能是从西亚传入，经黄土高原与粟交汇，再由人类活动带入青藏高原。青稞很低的遗传多样性说明，青稞不是由西藏野生大麦驯化而来的，西藏也不是大麦的驯化中心。青稞与南亚大麦的亲缘关系高于其与中亚大麦的亲缘关系，因此该研究认为青稞可能不是从西藏东北部传入西藏的，而是起源于西亚"新月沃地"，经由印度、巴基斯坦北部和尼泊尔传入西藏南部的。青稞在进入西藏后，种群规模急速缩小，现在我们看到的都是已适应高原环境后的后代。青稞在我国栽培历史悠久。1979年在孔

雀河流域的若羌县古戍堡发现了青稞，在民丰县尼雅遗址也发现了青稞，在塔里木盆地的孔雀河流域多处都发现了大量青稞栽培遗存。这说明在西藏古象雄时期，普兰就已开始栽培青稞了。历史上，普兰青稞不仅养育了两个古国，四川喜德种植的白青稞，磨出的糌粑又白又香又好吃，是历代献给国王的贡品。解放前由于藏区农业生产十分落后，青稞产量低而不稳。解放后到 20 世纪 80 年代，青稞种植面积一直较大，产量增加明显，主要用途为粮用，部分作为青稞酒加工原料；20 世纪 90 年代末到 2010 年，在"减粮增油、减麦增豆"等种植业结构调整的大背景下，青稞种植面积逐渐下降，主要用途为粮用，部分作为加工原料、饲用；2010 年后，高原特色农业发展提速，在产业扶贫及大健康背景下，青稞种植面积稳步回升，目前全区域种植面积常年稳定在 620 万亩左右，约占藏区耕地面积的 1/3，占藏区粮食播种面积的 60% 左右。主要用途为粮用，同时粮饲兼用和加工原料用比例不断扩大。

2. 青藏高原青稞品种更新换代历程

第一阶段是 20 世纪 60—80 年代，青稞品种选育主要为地方品种评选（图1-6）。各主产区对原有地方品种进行鉴定、评选，这个阶段育成的品种很多，如白浪散、红胶泥等多个品种。

图 1-6　青稞

第二阶段是 20 世纪 80 年代至 21 世纪初的改良品种阶段（图 1–7）。通过系统选育和有性杂交育种，育成了一批适宜水地种植的"中晚熟、中秆、高产、抗倒伏"品种和适宜高寒地区种植的"早熟、中高秆、耐瘠薄、抗寒耐低温、较抗倒伏、丰产性和稳产性好，适应性广"品种。代表品种有昆仑 1 号、昆仑 10 号、藏青 320、藏青 690、喜玛拉 19、北青 3 号、北青 6 号、康青 3 号、康青 6 号、甘青 1 号、甘青 3 号等。

第三阶段是 21 世纪初至今的以进一步提高产量为基础，加强品质改良，同步提高秸秆产量的改良品种阶段（图 1–8）。主要通过有性杂交育种，育成了一批适宜高寒地区种植的"中早熟、抗倒伏、丰产性和稳产性好、适应性广"的粮草双高品种，促进了青稞生产的农牧结合、以农促牧，代表品种有柴青 1 号、昆仑 14 号、昆仑 15 号、藏青 2000、藏青 3000、藏青 13、喜玛拉 22、康青 9 号、甘青 5 号、黄青 1 号等；适合食品加工用的"优质、高产、抗倒伏"品种，为青稞食品加工的发展提供了支撑，代表品种有藏青 25、昆仑 17 号等。

3. 青稞的生产特点和营养价值

青稞是我国的原产农作物之一，是青藏高原最具特色的农作物，是青藏高原极端环境条件下植物适应性进化的典型代表，具有耐旱、耐瘠薄、生育期

图 1–7　青稞

图 1–8　青稞

短、适应性强、产量稳定、易栽培等优异种性。

青稞作为一种特色的高原粮食作物，其营养价值备受关注。藏族同胞的食物结构中以糌粑、酥油茶、奶制品和牛羊肉等为主，同时藏区缺乏蔬菜、水果等，藏族同胞几乎很少食用。但就是在这种以高脂肪、高蛋白和高热量为主要食品的饮食结构中，藏族人群中却很少患高血脂、高血压、高血糖等青藏高原以外人群如长期食用高脂肪、高热量食物所易患的疾病，这与食用青稞是分不开的，青稞中含有的较全面的营养成分和独特的生理功能元素，是维持藏族人群健康的重要因素。

青稞具有促进人体健康长寿的合理营养结构，具备"三高两低"（高蛋白、高纤维元素、高维生素，低脂肪、低糖）的营养成分构成，营养全面，具有极高的营养和食疗价值，是谷类作物中的佳品，经常食用可解决人体营养缺乏症。青稞籽粒纤维素含量 1.8%，低于小麦但高于其他谷类作物。矿质元素和维生素均比其他谷类作物高。脂肪含量偏低，糖类低于其他谷类作物。青稞含有 18 种氨基酸，尤以人体必需氨基酸较为齐全，经常食用对补充机体每日必需氨基酸的需求有重要意义。青稞中含有铜、锌、锰、铁、钼等 12 种微量元素，青稞中矿物质元素种类较齐全，含量相对其他谷物更为丰富。青稞中可溶性膳食纤维和总膳食纤维均高于其他谷类作物，膳食纤维具有清肠通便，清除体内毒素的良好功效，是人体消化系统的清道夫。青稞籽粒中所含的 β-葡聚糖是青稞最具开发利用价值的生理功能元素，对治疗人类多种疾病具有特殊疗效。β-葡聚糖是存在于青稞糊粉层和胚乳细胞壁中的一种多糖。20 世纪 60 年代，有研究逐渐发现 β-葡聚糖具有降血脂、降胆固醇和预防心血管疾病的作用，随后 β-葡聚糖的调节血糖、提高免疫力、抗肿瘤的作用也陆续被发现，引起了全世界的广泛关注。愈来愈多的医学研究已证实 β-葡聚糖对肿瘤、肝炎、糖尿病等疑难病都有良好的治疗效果。此外，青稞还具有丰富的 γ-氨基丁酸，在保健品领域具有重要应用前景，极具开发价值。

4. 生产水平提高种植效益成倍增加

70 多年来，随着社会的进步，藏区以往全区域刀耕火种、靠天吃饭的自然生产状态得到了根本改变。藏南、藏东南、藏东、环（青海）湖、甘南、甘孜等产区先后经历了 2~5 次生产品种更换，青稞良种覆盖面已达到 80% 左右，灌溉、施肥、病虫害防治和农机、化肥、农药、农膜等现代生产技术得到了全面应用，全区域青稞平均单产由 550 千克 / 公顷提高到 2 780 千克 / 公顷，是 1951

年的 5 倍多；在主体消费群体藏族人口增加一倍以上、总播种面积减少近 20%、人均面积不足 1 亩的情况下，全区域青稞总产达到 99.4 万吨，藏族人均青稞拥有量达到 184 千克，比解放初净增加 100 千克。随着全程信息化机械化技术的应用，劳动投入减少 50% 以上，人工成本由 200 元 / 亩减少至 100 元 / 亩，生产资料投入由 250 元 / 亩减少至 150 元 / 亩。

第二节　世界禾谷类杂粮分布与生产

一、世界谷子分布与生产

谷子在历史上曾是横跨欧亚大陆的主要粮食作物，在哥伦布发现美洲大陆将玉米等高产作物引入欧亚大陆之前的欧亚人类文明发展中起到了不可或缺的重要作用。谷子在欧亚各国变为小作物，没有准确的统计面积只是近代的事情。但从国际交流和文献中，可知谷子仍是一种分布广泛的作物，全世界谷子种植面积约 150 万公顷，主产区在亚洲，主要包括中国、印度等国家，其中，中国的谷子种植面积和产量分别占世界总量的 80% 和 85% 左右，印度的种植面积和产量均占世界的 10% 左右；亚洲其他国家如日本、韩国、尼泊尔、东南亚国家也零星种植。国外有些国家均有自己的谷子研究单位，例如澳大利亚有专门的谷子饲草研究机构，非洲和南美洲有用谷子的近缘种作饲草生产的研究单位，法国有专门的鸟饲谷子育种单位。

中国谷子（Foxtail millet）又称为粟，去壳后称为小米，在植物学上属于禾本科黍族狗尾草属。联合国粮农组织（FAO）统计的 Millet 数据在国际上是指粟类作物，是小粒粮食或饲料作物的总称。主要包括珍珠粟（西北非洲、亚洲的印度）、龙爪稷（撒哈拉以南非洲、印度、印度尼西亚）、黍稷（中国、俄罗斯、印度和非洲东部地区）、谷子（中国、印度和欧洲东部地区）、小黍（印度和东南亚）、食用稗（印度和一些非洲国家）、圆果雀稗（印度）、苔芙（埃塞俄比亚）等。

1961—2020 年，世界粟类作物收获面积下降了 1 128.35 万公顷，降幅高达 25.99%，1973 年，世界粟类作物的收获面积为历史最高的 4 564.04 万公顷。1961—2020 年，世界粟类作物的总产量上涨了 474.95 万吨，涨幅高达 18.47%，

2003 年，世界粟类作物的总产量为历史最高的 3 842.04 万吨。1961—2020 年世界粟类作物的单产由 1961 年的 592.50 千克 / 公顷上涨到 2020 年的 948.50 千克 / 公顷，涨幅高达 60.08%（图 1-9）。

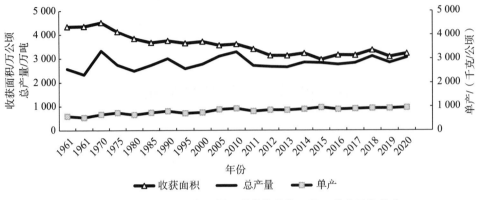

图 1-9　1961—2020 年世界粟类作物种植面积、总产量和单产

二、世界高粱分布与生产

高粱是世界上第五大谷类作物，播种面积超过 4 000 万公顷，抗旱和耐盐碱，被视为干旱和盐碱等边际土壤农业区可持续农业发展的一种主要作物，具有食用、酿酒、饲用、能源、青贮用等多种用途。非洲是世界高粱种植面积最大的区域，种植面积占世界总面积的 58.6%；其次是亚洲，占 14.9%；第三为美洲，占 11.8%。非洲以及亚洲的印度以食用高粱生产为主，美洲、大洋洲、欧洲以饲用高粱生产为主。

近年来，世界高粱生产格局变化不大，苏丹、尼日利亚、印度、尼日尔和美国是世界上高粱种植面积前 5 位的国家，这 5 个国家累计播种面积约占世界总种植面积的 60%。从高粱的生产总量来看，美国总产量仍居世界第一，为 970 万吨；其次为尼日利亚，总产为 680 万吨；第三名为印度，总产为 460 万吨。产量超过 100 万吨的国家共有 14 个。

1961—2020 年，世界高粱收获面积整体呈下降趋势，由 1961 年的 4 600.91 万公顷缩减至 2020 年的 4 025.18 万公顷，降幅为 12.51%。60 年间播种面积最多的年份为 1969 年的 5217.84 万公顷，播种面积最少的年份为 2012 年的 3 925.60 万公顷。1961—2020 年，世界高粱总产量整体呈上涨趋势，由 1961 年的 4 093.16 万吨上涨至 2020 年的 5 870.59 万公顷，涨幅为 43.42%。60 年间总产量最多的年份为 1985 年的 5 7756.73 万吨，总产量最少的年份为 1961 年（图 1-10）。

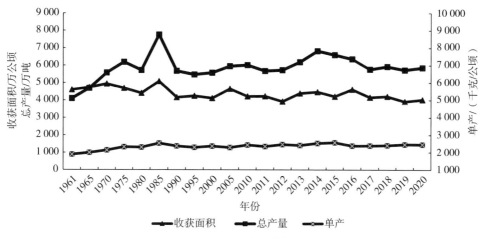

图 1-10　1961—2020 年世界高粱收获面积、总产量和单产

1961—2020 年世界五大洲高粱收获面积排名前 3 位的分别为亚洲、非洲、美洲，欧洲与大洋洲面积相对较少。纵观各州 60 年间高粱收获面积变动情况可看出，亚洲的高粱收获面积减少显著，由 1961 年的 2 676.00 万公顷降至 2020 年的 694.53 万公顷；非洲的收获面积呈上升趋势，由 1961 年的 1 321.43 万公顷

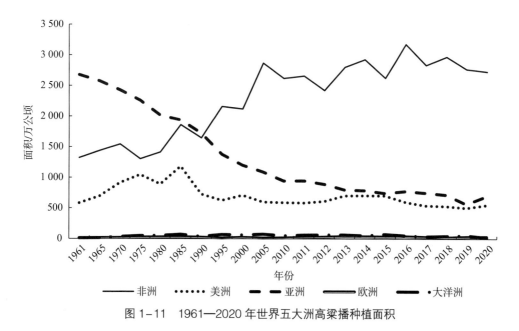

图 1-11　1961—2020 年世界五大洲高粱播种植面积

上升至 2020 年的 2 729.37 万公顷；欧洲、大洋洲的高粱收获面积均有所提升，美洲的高粱收获面积整体变动较小（图 1-11）。

1961—2020 年世界五大洲高粱产量排名前 3 位的亚洲、美洲、非洲转变为非洲、美洲、亚洲。纵观各州 60 年间高粱产量变动情况可看出，非洲产量呈上升趋势，由 1961 年的 1 069.15 万吨上升至 2020 年的 2 746.92 万吨，涨幅高达 156.84%；美洲的产量由 1961 年的 1 439.07 万吨上升至 2020 年的 2 032.05 万吨，涨幅高达 41.21%；欧洲、大洋洲产量增长显著，分别由 1961 年的 14.50 万吨、16.34 万吨上涨为 2020 年的 131.25 万吨与 40.22 万吨（图 1-12）。

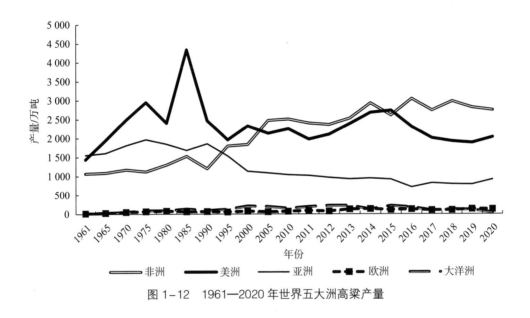

图 1-12　1961—2020 年世界五大洲高粱产量

1961—2020 年世界五大洲高粱单产排名可看出，虽然欧洲、大洋洲的高粱收获面积与产量较低，但其单产水平较高，1961 年单产水平排名分别位于第二位与第三位，整体来看，五大洲的单产水平均呈现出上涨的态势（图 1-13）。

近 10 年，世界主产国高粱单产水平对比，主要分三个层级，第一层级包括中国和美国，第二层级包括墨西哥、埃塞俄比亚、巴西，第三层级是其他几个国家。2020 年中国高粱单产最高，324 千克/亩，美国居第二，306 千克/亩；墨西哥高粱单产 216 千克/亩，巴西高粱单产 210 千克/亩，埃塞俄比亚高粱单产 188 千克/亩。从变化趋势来看，中国和美国的高粱处于缓慢增长中，埃塞俄比亚高粱的单产增长速度较快，其他国家基本稳定（图 1-14）。

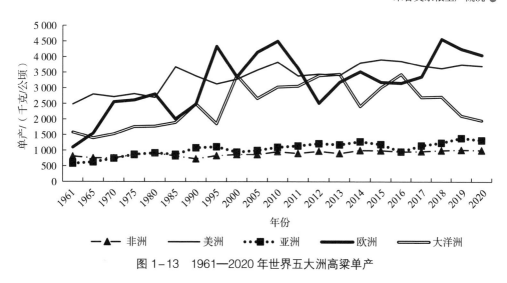

图 1-13 1961—2020 年世界五大洲高粱单产

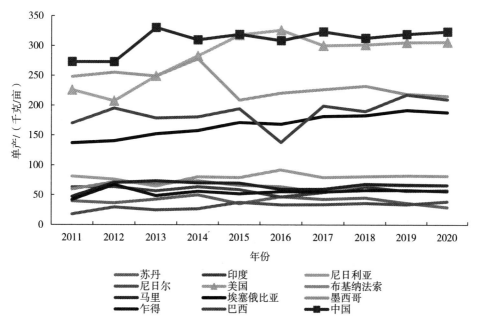

图 1-14 2011—2020 年世界主要国家高粱单产情况（参见彩图 1-14）

注：按 2020 年世界高粱面积前 12 名制作，中国位于第 12 名。

三、世界青稞的分布与生产

青稞是藏族人民主要的粮食作物。千百年来，青稞一直是藏族人民珍视的生活食物。青稞食品已融入藏族人民生活而须臾不可分离，被视为生命的粮食。中国的青藏高原是青稞的主产区，由于青稞生长的气候、环境因素独特，因此青稞在世界上种植很少，基本都分布在中国。我国青稞的种植范围包括位于整个青藏高原地区的西藏自治区和青海、四川、甘肃、云南四省藏族人聚居地区（国内青稞分布见下面叙述）。

第三节　中国禾谷类杂粮分布与生产

一、中国谷子的分布与生产

1. 中国谷子的分布与生产概况

谷子在我国分布极其广泛，几乎全国都有种植，但目前产区主要分布在32°~48° N、108°~130° E之间的北方各省的干旱、半干旱地区，种植面积较大的有山西、河北、内蒙古、黑龙江、吉林、辽宁、山东、河南、甘肃、宁夏等省（区），其中内蒙古自治区、山西省和河北省种植面积约占全国种植面积的1/3。"十五"以来，国家攻关（科技支撑计划）项目习惯将我国谷子产区分为华北、东北、西北三大生态区。根据各地自然条件、地理纬度、种植方式和品种类型，有专家学者把中国谷子产区划分为东北平原春谷区、华北平原夏谷区、内蒙古高原春谷区、黄河中上游黄土高原春夏谷区这四个谷子栽培区，形成了河北邯郸、河北张家口、内蒙古赤峰、辽宁朝阳、河南洛阳、山西忻州、山西长治、山西吕梁、陕西北部等谷子优势主产区。

抗日战争时期，我国谷子种植面积1.7亿亩，解放初期，将近1.5亿亩，之后随着我国水利条件改善、化肥生产能力提升以及小麦矮化育种、玉米杂交育种的突破，20世纪80年代使得小麦、玉米等主粮单产与谷子单产拉开差距，尤其是20世纪80年代以来，化学除草技术、农业机械化技术的普及以及农业劳动力成本的提升，进一步降低了谷子生产的比较优势，谷子种植面积呈下降趋势，有三次快速下降期。第一次是1955—1960年，我国谷子生产面积从1.34亿亩下降到8 556万亩，5年间下降4 837.5万亩，下降了36.1%，平均每年约下降967.5万亩；第二次是1970—1980年，我国谷子生产面积从10 370万亩下降到5 808万亩，10年间下降4 562万亩，平均每年约下降456万亩；第三次是1983—2005年，我国谷子面积从6 131万亩下降到1 274万亩，21年下降4 857万亩，平均每年约下降 231 万亩。此后，我国谷子生产面积波动不大，近年来由于市场拉动、轻简化生产技术的推广，部分地区谷子种植面积有所回升，2020 年恢复到 1 359 万亩。受科技进步促进影响，我国谷子的单产在波动中不断增长，单产由解放初期的 56.46 千克/亩，增长到 206.8 千克/亩，是解放初期的 3.7 倍。总产由解放初期的 780 万吨降到 281 万吨，截至 2020 年，我国人均小米占有量约 2 千克/年（图 1-15，图 1-16）。

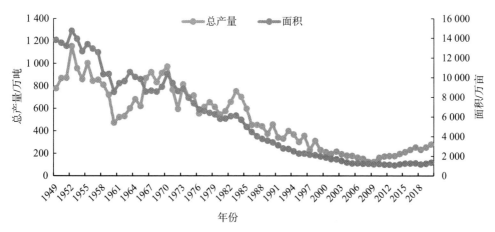

图 1-15 1949—2020 年，中国谷子种植面积、总产变化（参见彩图 1-15）

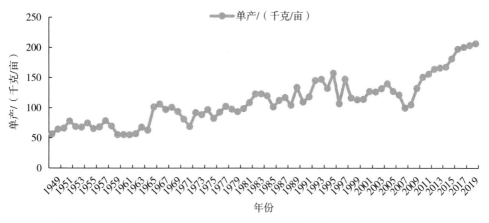

图 1-16 1949—2020 年，中国谷子单产变化

2. 中国谷子的主产省份生产情况

目前，我国谷子主要分布在内蒙古自治区、山西省、河北省、陕西省、辽宁省、吉林省、甘肃省、宁夏回族自治区、山东省、河南省、黑龙江省北方 11

个省（区）。2020年内蒙古自治区、山西省和河北省种植面积约占去全国总面积的66.6%，三省份的产量约占总产量的69.2%，三省份的单产分别是255.82千克/亩、164.02千克/亩、219.82千克/亩（图1-17至图1-19）。主产省情况如下。

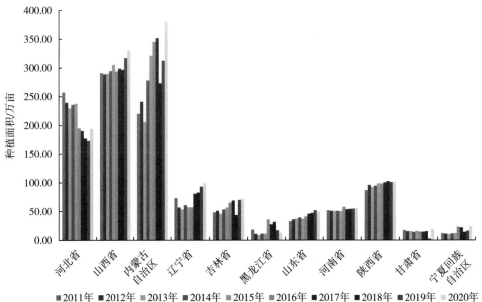

图1-17　主产省份谷子种植面积情况（参见彩图1-17）

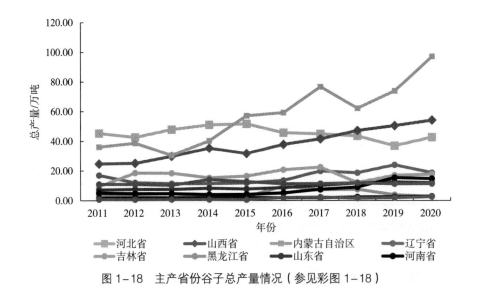

图1-18　主产省份谷子总产量情况（参见彩图1-18）

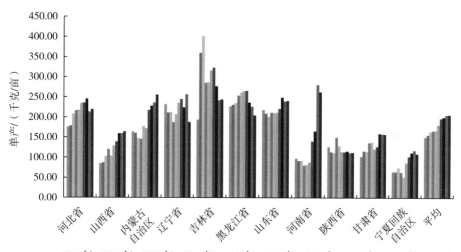

图1-19　主产省份谷子种植单产情况（参见彩图1-19）

（1）内蒙古自治区谷子生产情况

内蒙古自治区是目前全国谷子种植面积最大的省（区），主要在赤峰市。内蒙古近10年谷子生产总体呈现增长趋势。2020年内蒙古谷子种植面积379.95万亩，较2011年220.16万亩增长72.58%，其中2018年相对减少，种植272.9万亩；谷子总产量97.2万吨，较2011年36.15万吨增长168.88%；谷子单产255.82千克/亩，较2011年164.22千克/亩增长55.78%。近几年，内蒙古自治区谷子单产水平高于全国平均单产水平。内蒙古自治区谷子种植品种主要是金苗K1、K2、张杂谷13、冀杂金苗3号、冀谷168、黄金苗、吨谷、毛毛谷、黄八权、红谷等新育成品种及老品种20余个，尤其是金苗K1、张杂谷13、冀杂金苗3号、冀谷168等抗除草剂的优质新品种逐渐取代了当地的黄金苗、毛毛谷等品种。种植技术主要采用的是膜下滴灌、精量播种、飞防、联合收获（分段）等高效生产技术。

（2）河北省谷子生产情况

河北省是全国谷子种植面积前3名，近10年谷子生产总体呈现降低趋势，但单产呈增长趋势。2020年，河北省谷子种植面积194.25万亩，较2011年257.19万亩减少24.47%，据调研，2021—2022年河北省谷子种植面积呈恢复性增长趋势；2020年谷子总产量42.7万吨，较2011年45.33万吨减少5.8%；单产219.82千克/亩，较2011年176.24千克/亩增长24.73%，河北省谷子单产水平一直高于全国平均单产水平。河北省谷子种植品种主要是冀谷 39、冀谷 168、冀谷 42、冀谷 47、冀谷 48 等冀谷系列品种，以及张杂谷、衡谷、承谷、保谷、豫谷等品种，大白谷、青谷等地方老品种在蔚县、宣化、涉县、武安等地少量种植。种植技术主要采用的是化肥减施、绿色防控以及精量播种、飞防、联合收获等技术模式。

（3）山西省谷子生产情况

山西省谷子种植面积全国第二，近 10 年谷子生产总体呈现增长趋势，但单产水平低于全国平均水平。2020 年谷子种植面积 330.45 万亩，较 2011 年 290.76 万亩增长了 13.65%；谷子总产量 54.2 万吨，较 2011 年 24.71 万吨增长了 119.34%；单产 164.02 千克/亩，较 2011 年 85 千克/亩增长了 92.96%，山西省谷子单产水平一直低于全国平均单产水平。山西省谷子种植品种主要是以晋谷 21 为主的晋谷系列和张杂谷系列、长农、长生、太谷、大同、汾选等系列品种，地方老品种少量种植。种植技术主要采用的是地膜覆盖、精量播种、飞防、联合收获等生产技术模式，丘陵山区种植占比较大，综合机械化水平较低。

（4）辽宁省谷子生产情况

辽宁省西部是谷子的主产区域。近 10 年谷子生产总体呈现增长趋势，但单产降低。2020 年谷子种植面积 99.45 万亩，较 2011 年 73.4 万亩增长 35.5%，其中 2013 年最少，种植 54.02 万亩；2020 年谷子总产量 18.7 万吨，较 2011 年 17.03 万吨增长 9.81%；单产 188.03 千克/亩，较 2011 年 232.02 千克/亩降低 18.96%，近几年辽宁省谷子单产水平降低，且低于全国平均单产水平。辽宁省谷子种植品种主要是金苗 K1、黄金苗、张杂谷 13、冀谷 168、吨谷、红谷、白皮子、朝谷系列、燕谷系列等新育成品种及老品种 10 余个，尤其是金苗 K1、张杂谷 13、冀谷 168、朝谷等抗除草剂的优质新品种逐渐取代了当地的黄金苗、红谷等品种。种植技术主要采用的是膜下滴灌、精量播种、联合收获（分段）等高效生产技术。

（5）吉林省谷子生产情况

近 10 年吉林省谷子生产总体呈现增长趋势。2020 年谷子种植面积 72.45 万亩，较 2011 年 48.36 万亩增长 49.81%，其中 2018 年最少，种植 43.7 万亩；总产量 17.7 万吨，较 2011 年 9.39 万吨增长 88.5%；单产 244.31 千克/亩，较 2011 年 194.25 千克/亩增长 25.77%，近几年吉林省谷子单产水平一直高于全国平均单产水平。吉林省谷子种植品种主要是公谷系列、九谷系列、冀谷系列、张杂谷等新育成品种 10 余个。种植技术主要采用的是膜下滴灌、精量播种、飞防、联合收获（分段）等全程机械化高效生产技术。

（6）黑龙江省谷子生产情况

黑龙江是我国谷子种植最北部的省份，近 10 年黑龙江省谷子生产总体呈现下降趋势。2020 年谷子种植面积 13.2 万亩，较 2011 年 18.47 万亩减少 28.51%，其中 2013 年最少，种植 8.93 万亩；2020 年谷子总产量 2.7 万吨，较 2011 年 4.2 万吨减少 35.71%；2020 年谷子单产 204.96 千克/亩，较 2011 年 227.23 千克/亩降低 9.98%，近几年黑龙江省谷子单产水平持续降低，2020 年降到了全国单产水平以下。黑龙江省谷子种植品种主要是龙谷、嫩选系列等新育成品种 10 余个。种植技术主要采用的是精量播种、飞防、联合收获（分段）等全程机械化高效生产技术。

（7）山东省谷子生产情况

近 10 年山东省谷子生产总体呈现增长趋势。2020 年谷子种植面积 49.8 万亩，较 2011 年 32.99 万亩增长 50.98%，其中 2019 年达到最大面积，种植 52.2 万亩；2020 年谷子总产量 12 万吨，较 2011 年 7.19 万吨增长 66.9%；单产 240.96 千克/亩，较 2011 年 218.11 千克/亩增长 10.48%，近几年山东省谷子单产水平一直高于全国平均单产水平。山东省谷子种植品种主要是济谷、冀谷系列等新育成品种和当地老品种 10 余个。种植技术主要采用的是精量播种、联合收获（分段）等全程机械化高效生产技术。

（8）河南省谷子生产情况

河南省是农业大省，近 10 年河南省谷子生产总体呈现增长趋势。2020 年，河南省谷子种植面积 55.95 万亩，较 2011 年 52.23 万亩增长 7.12%，整体来看，河南省谷子种植面积缓慢增长，2016 年谷子种植面积最大，为 58.01 万亩；2020 年谷子总产量 14.7 万吨，较 2011 年 5.1 万吨增长 188.24%；单产 262.73 千克/亩，较 2011 年 97.68 千克/亩增长 168.97%，2019—2020 年谷子的单产水平超过全国平均单产水平。河南省谷子种植品种主要是豫谷系列、冀谷系列等新育成品种和当地老品种 20 余个。种植技术主要采用的是精量播种、联合收获（分段）等全程机械化高效生产技术。

（9）陕西省谷子生产情况

陕西省近 10 年谷子生产总体呈现增长趋势，但是单产水平依然处于较低水平。2020 年，陕西省谷子种植面积 101.55 万亩，较 2011 年 87.08 万亩增长 16.62%，2018 年谷子种植面积最大，为 105.56 万亩；总产量 11.4 万吨，较 2011 年 11.01 万吨增长 3.54%，总产变化不大；单产 112.26 千克 / 亩，较 2011 年 126.49 千克 / 亩降低 11.25%，陕西省谷子单产水平一直低于全国平均单产水平。陕西省谷子种植主要分布在延安和榆林，品种包括晋谷系列、汾选、延谷等新育成品种和当地老品种 10 余个。种植技术主要采用的是地膜覆盖、精量播种等高效生产技术，部分地区采用全程机械化生产技术。

（10）甘肃省谷子生产情况

甘肃省近 10 年谷子生产总体呈现增长趋势。2020 年，甘肃省谷子种植面积 19.05 万亩，较 2011 年 17.27 万亩增长 10.34%；总产量 3 万吨，较 2011 年 1.77 万吨增长 69.49%，总产变化增长较大；单产 157.48 千克 / 亩，较 2011 年 102.41 千克 / 亩增长 53.78%，甘肃谷子单产水平一直低于全国平均单产水平，但是近 10 年呈现增长趋势。甘肃省谷子种植品种主要包括陇谷 23、陇谷 029、陇谷 032、金吨谷、张杂谷等育成的新品种。种植技术主要采用的是地膜覆盖精量播种、全膜覆盖一膜两年利用穴播等高效生产技术，部分地区采用全程机械化生产技术。

（11）宁夏回族自治区谷子生产情况

宁夏回族自治区近 10 年谷子生产总体呈现增长趋势。2020 年，宁夏回族自治区谷子种植面积 23.85 万亩，较 2011 年 11.87 万亩增长 101.01%；总产量 2.6 万吨，较 2011 年 0.77 万吨增长 237.66%，总产增长较大；单产 109.01 千克/亩，较 2011 年 64.9 千克 / 亩增长 67.96%，宁夏谷子单产水平一直低于全国平均单产水平，但是近 10 年呈现增长趋势。宁夏谷子种植主要分布在南部地区，品种主要包括张杂谷 13、陇谷 11、小红谷等育成的新品种及地方老品种。种植技术主要采用的是地膜覆盖、精量播种等高效生产技术，部分地区采用全程机械化生产技术。

3. 中国谷子的主产县生产情况

敖汉旗：位于内蒙古自治区赤峰市，是全国谷子种植面积最大的旗（县、区），也是全国优质小米输出基地，常年种植面积约 100 万亩，总产约 25 万吨，单产水平约 250 千克 / 亩。一年一季，一般是玉米或者高粱与谷子进行轮作倒茬。种植品种主要是金苗 K1、金苗 K2、张杂谷 13、冀杂金苗 3 号、冀谷 168、黄金苗、吨谷、毛毛谷、黄八杈、红谷等新育成品种及老品种 10 余个，尤其是金苗 K1、张杂谷 13、冀杂金苗 3 号、冀谷 168 等抗除草剂的优质新品种逐渐取代了当地的黄金苗、毛毛谷等品种。种植技术主要采用的是膜下滴灌、精量播种、联合收获（分段）等高效生产技术。敖汉旗是国家谷子高粱产业技术体系核心示范县。敖汉小米品牌广告在中央电视台播出，"敖汉小米，熬出中国味"畅享全国。

翁牛特旗：位于内蒙古自治区赤峰市，是全国谷子种植主产旗、全国优质小米输出基地，常年种植面积约 80 万亩，总产约 20 万吨，单产水平约 250 千克/亩。一年一季，一般是玉米与谷子进行轮作倒茬。种植品种主要是金苗 K1、金苗 K2、张杂谷 13、冀谷 168、黄金苗、毛毛谷、黄八权等新育成品种及老品种 10 余个，尤其是金苗 K1、张杂谷 13、冀谷 168 等抗除草剂的优质新品种逐渐取代了当地的黄金苗、毛毛谷等品种。种植主要采用的是膜下滴灌、精量播种、联合收获（分段）等高效生产技术。

阿鲁科尔沁旗：位于内蒙古自治区赤峰市，是全国谷子主产旗（县、区）、全国优质小米输出基地，常年种植面积约 40 万亩，总产约 10 万吨，单产水平约 200 千克/亩。一年一季，一般是玉米与谷子进行轮作倒茬。种植品种主要是金苗 K1、张杂谷 13、大金苗、大红苗子、铁把子、干尖子、老虎尾、大白谷、大白毛、绳子紧、毛八叉、权子青、齐头红、喇嘛黄、赤谷 4 号等新育成品种及老品种，尤其是金苗 K1、张杂谷 13 等抗除草剂的优质新品种逐渐取代了当地的大金苗。种植主要采用的是膜下滴灌、精量播种、联合收获（分段）等高效生产技术。"阿鲁科尔沁小米"被评选为国家地理标志证明商标。

建平县：位于辽宁省朝阳市，是全国谷子种植主产县，也是全国优质小米输出基地，常年种植面积约 50 万亩，总产约 1.25 万吨，单产水平约 250 千克/亩。一年一季，一般是玉米或者高粱与谷子进行轮作倒茬。种植品种主要是金苗 K1、黄金苗、张杂谷 13、冀谷 168、吨谷、红谷、白皮子、朝谷系列、燕谷系列等新育成品种及老品种 10 余个，尤其是金苗 K1、张杂谷 13、冀谷 168、朝谷等抗除草剂的优质新品种逐渐取代了当地的黄金苗、红谷等品种。种植技术主要采用的是膜下滴灌、精量播种、联合收获（分段）等高效生产技术。建平县拥有朱碌科镇小米加工集散地，集散地加工厂约 60 家，仅次于河北藁城马庄小米集散地。

阜蒙县：位于辽宁省阜新市，全名阜新蒙古族自治县，全国谷子种植主产县、全国优质小米输出基地，常年种植面积约 25 万亩，总产约 6.25 万吨，单产水平约 250 千克/亩。一年一季，一般是玉米与谷子进行轮作倒茬。种植品种主要是金苗 K1、朝谷系列、燕谷系列、黄金苗、张杂谷 13、毛毛谷、红苗子、齐头白、五尺高、二白谷、独秆紧、叉子红、花花太岁、绳子紧、兔子嘴、长脖雁、金镶玉、老来白、老虎尾等新育成品种及老品种 20 余个，尤其是金苗 K1、张杂谷 13、朝谷等抗除草剂的优质新品种逐渐取代了当地的黄金苗、红谷、毛毛谷等品种。种植主要采用的是膜下滴灌、精量播种、杀虫灯、联合收获（分段）等高效生产技术。

武安市：位于河北省邯郸市，是全国谷子种植主产市，也是全国优质小米生产基地，常年种植面积约 30 万亩，总产约 9 万吨，单产水平约 300 千克 / 亩。一年一季，一般是玉米与谷子进行轮作倒茬。种植品种主要是冀谷 39、冀谷 168、冀谷 42、冀谷 47、冀谷 48 等冀谷系列品种。种植技术主要采用的是化肥减施、绿色防控以及精量播种、飞防、联合收获等单项技术或全产业链绿色生产技术模式。武安市是谷子的起源地，磁山文化遗址表明谷子栽培历史已达 8 700 年，是"中国小米之乡"，中国作物学会粟类作物专业委员会授予武安"粟之源"称号。武安市是国家谷子改良中心、河北省农林科学院谷子研究所的试验示范基地，优良品种从武安走出去。武安市"米乡乐""磁山粟"两个品牌入选 2021 年"河北十大优质品牌小米"称号。"武安小米"是河北省区域公用品牌、全国地理标志产品。

蔚县：位于河北省张家口市，是全国谷子主产县，也是全国优质小米生产基地，常年种植面积约 20 万亩，总产约 6 万吨，单产水平约 300 千克 / 亩。一年一季，一般是玉米与谷子进行轮作倒茬。种植品种主要是冀张谷 5 号（8311）、冀谷 168、张杂谷、大白谷、桃花米、九根齐等 10 余个品种，目前主要种植冀张谷 5 号（8311）、冀谷 168、张杂谷、大白谷。种植主要采用绿色防控、地膜覆盖以及精量播种等高效绿色生产技术。蔚县的桃花米是中国"四大名米"之一，又具有"蔚州贡米"之称，"蔚州贡米"是河北省区域公用品牌、全国地理标志产品。蔚县"景蔚五谷香"小米品牌入选 2021 年"河北十大优质品牌小米"称号。

藁城区：位于河北省石家庄市，藁城马庄是全国最大的谷子加工集散地，约有 120 家小米加工厂，谷子主要来源于内蒙古赤峰，辽宁朝阳、阜新，吉林松原、白城，甘肃等地，小米销售到全国各地。集散地年加工谷子约 40 万吨，交易额约 12 亿元。藁城常年种植面积约 3 万亩，总产约 1 万吨，单产约350 千克 / 亩。一年两季，一般是小麦与谷子接茬轮作。种植品种主要是冀谷系列品种。种植主要采用的是化肥减施、绿色防控、精量播种、飞防、联合收获等全产业链绿色生产技术模式。河北惜康农业科技有限公司的"寿之本"小米品牌入选 2021 年"河北十大优质品牌小米"称号。"藁城宫米"是河北省区域公用品牌。

涉县：位于河北省邯郸市，涉县建成了太行山区最大的梯田群，总面积26.8 万亩，其中，核心区最具代表性是王金庄梯田，约 1.2 万亩，涉县常年谷子种植面积约 10 万亩，总产约 2.5 万吨。一年一季，与玉米、豆类轮作倒茬。种植品种主要是冀谷 19、冀谷 42 等新育成品种，以及地方农家种压塌楼、马鸡嘴、青谷等 20 余个品种。种植技术保留了原生态的种植技术，保证了小米的原生态品质。涉县石堰旱作梯田系统被联合国世界粮食计划署专家称为"世界一大奇迹""中国第二长城"，2022 年被联合国粮农组织评为全球重要农业文化遗产。

兴县：位于山西省吕梁市，是全国谷子主产县市，也是全国优质小米生产基地，常年种植面积约 15 万亩，总产约 3 万吨，单产约 200 千克 / 亩。一年一季，一般是玉米与谷子进行轮作倒茬。种植品种主要是晋谷 21、晋谷 29、汾选 3 号为主的晋谷系列等育成的新品种。种植主要采用的是地膜覆盖、精量播种等高效绿色生产技术模式，部分地区采用全程机械化生产技术。2022 年山西省粮食行业协会授予吕梁市兴县为"山西杂粮之乡"称号。与兴县相似的县包括临县、柳林县、汾阳市等。

偏关县、神池县、五寨县：位于山西省忻州市，是全国谷子主产县域，是张杂谷种植基地，三县常年谷子种植面积合计约 30 万亩，总产约 10.5 万吨，单产约 350 千克 / 亩。一年一季，一般是玉米与谷子进行轮作倒茬。种植品种主要是张杂谷 3 号、张杂谷 6 等系列品种。种植主要采用的是地膜覆盖、精量播种等高效绿色生产技术模式。

沁县：位于山西省长治市，是全国优质小米生产基地。谷子种植面积约 5 万亩，亩产 200 千克，总产约 1 万吨。一年一季，以玉米与谷子轮作倒茬居多。目前种植品种主要是长农 47 号、沁黄 2 号、长生 07 等优品种为主。配套技术为地膜覆盖精量穴播、配方施肥，谷子专用肥等高效有机旱作栽培技术。以沁州黄集团公司为主导形成以"公司＋农户"的订单模式。沁州黄小米是中国"四大名米"之一。沁州黄小米声名远扬，品牌畅享全国各地。

米脂县：据康熙年间的《米脂县志》记载，米脂地名的得来是因"地有米脂水，沃壤宜粟，米汁淅之如脂"而得名，米脂地属陕西省榆林市，是全国谷子主产县，同时也是全国优质小米生产基地，常年种植面积约 12 万亩，总产约 2.4 万吨，单产约 200 千克/亩。一年一季，一般是玉米与谷子进行轮作倒茬。米脂县生产的小米色泽金黄、质黏味香、营养丰富，广受好评，米脂小米产品获国家地理标志证明商标。种植品种主要是晋谷 21、黑九根齐、米谷 1 号等育成品种和地方老品种。种植主要采用的是地膜覆盖、精量播种等高效绿色生产技术模式，部分地区采用全程机械化生产技术。全县大型小米加工企业有米脂县益康农产品开发有限公司、米脂县米脂婆姨农产品开发有限责任公司、陕西银波农产品开发有限公司、米脂县沃宜滋农产品开发有限公司、米脂县米森农业发展有限公司、米脂县巧媳妇农产品开发有限公司、米脂县米金谷农产品有限公司 7 家，以原粮加工为主，以网络平台销售的企业有陕西青创联盟电子商务有限公司 1 家。

会宁县：位于甘肃省白银市，是 1936 年 10 月中国工农红军三大主力胜利会师的地方。会宁县是全国优质小米生产基地，常年种植面积约 5 万亩，总产约 1 万吨，单产水平约 200 千克/亩。一年一季，一般是玉米与谷子进行轮作倒茬。种植品种主要包括陇谷 23、陇谷 029、陇谷 032、金吨谷、张杂谷等育成的新品种。种植主要采用的是地膜覆盖精量播种、全膜覆盖一膜两年利用穴播等高效生产技术，部分地区采用全程机械化生产技术。"会宁谷子"是中国地理标志证明商标。

西吉县：位于宁夏回族自治区固原市，是全国小米生产基地，常年种植面积约 8 万亩，总产约 2 万吨，单产水平约 250 千克/亩。一年一季，一般是玉米与谷子进行轮作倒茬。种植品种主要是张杂谷 13、陇谷 11、小红谷等育成的新品种和地方老品种 10 余个。种植主要采用的是全膜双垄沟播膜侧技术等高效生产技术。

乾安县：位于吉林省松原市，是全国谷子种植主产县，全国优质小米输出基地，常年种植面积约 30 万亩，总产约 9 万吨，单产水平约 300 千克/亩。一年一季，一般是玉米、高粱或者豆类与谷子进行轮作倒茬。种植品种主要是吨谷、冀谷系列、公谷系列、张杂谷等新育成品种 10 余个。种植主要采用的是膜下滴灌、精量播种、飞防、联合收获等全程机械化高效生产技术。与乾安县相同的种植情况还有白城市通榆县 50 万亩、双辽市 10 万亩等。

肇东市：由黑龙江省绥化市代管，是全国优质小米生产基地，常年种植面积约 20 万亩，总产约 6 万吨，单产水平约 300 千克/亩。一年一季，一般是玉米与谷子进行轮作倒茬。种植品种主要是龙谷系列等育成的新品种和当地老品种。

种植主要采用的是精量播种、联合收获、有机肥使用等高效有机全程机械化生产技术。肇东小米被评为国家地理标志保护产品。

伊川县：位于河南省洛阳市，是全国优质谷子生产基地，常年种植面积约20万亩，总产约6万吨，单产水平约300千克/亩。一年两季或一季，一般是玉米与谷子轮作倒茬。种植品种主要是冀谷系列、豫谷系列品种。种植主要采用的是精量播种、飞防、联合收获等全程机械化生产技术。2018年，伊川小米品牌被农业农村部授予国家农产品地理标志产品，2020年"伊川小米"区域公用品牌对外发布。

二、中国高粱的分布与生产

1. 中国高粱的分布与生产概况

统计数据显示，2020年全国高粱种植面积952.2万亩，与2019年播种面积相当，总产约296.9万吨。国内高粱生产格局基本稳定，主要分布在东北、华北、西南三大主产区。其中，东北（辽宁省、吉林省和黑龙江省）、华北（山西省、内蒙古自治区和河北省）主要是粳高粱生产区，种植面积580万亩左右；西南主产区（四川省、贵州省和重庆市）主要是糯高粱产区，近年来，在茅台、五粮液、泸州老窖、郎酒等知名酒企的拉动下，迅猛发展，种植面积发展到230万亩左右，如2020年泸州市酿酒专用高粱种植面积达到100万亩，为酿造品质提升提供了优质的原料支撑。

高粱是我国重要的旱粮作物，在提高我国粮食总产和旱坡地单产中曾起过关键性作用，在我国干旱、半干旱、低洼易涝地区，对稳定当地粮食产量、保证当地人民的粮食供应也曾起过不可低估的作用。高粱是酿造名白酒的重要原料，是其他作物所不能代替的。

1949—2020年，中国高粱种植面积急剧下降，由1949年的892.21万公顷下降为2020年的63.48万公顷，降幅高达92.88%。1949—1960年高粱种植面积震荡下滑，1961—1974年有所回升，1975年后种植面积又开始震荡下滑，2017年后有小幅回升趋势（图1-20）。

纵观1949—2020年中国高粱总产量趋势图可以看出，总产量波动较大，除受种植面积的影响外，还受当年的天气影响，总体来看，呈下降趋势。1974年的产量达到历史最高的1 137.5万吨，2010年产量为历史最低的193.31万吨。自2010年后，高粱总产量呈现小幅度上升趋势（图1-21）。

图 1-20　1949—2020 年中国高粱种植面积变化趋势

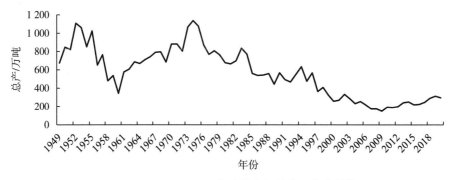

图 1-21　1949—2018 年中国高粱总产量变化趋势

1949—2020 年中国高粱单产呈波动上升趋势，由 1949 年的 756.67 千克 / 公顷上涨到 2020 年的 4 677.06 千克 / 公顷，2015 年，单产为历史最高 5 183.08 千克 / 公顷（图 1-22）。

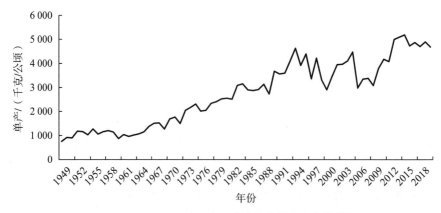

图 1-22　1949—2020 年中国高粱单产变化趋势

2. 中国高粱的主产省（区）生产情况

"十二五"以来，国内高粱生产的总体格局保持稳定，以东北高粱主产区及西南高粱优势区为主导，华北、西北高粱生产区为补充。2012年，我国高粱种植面积比2011年增加了24.7%，达到935万亩，此后，我国高粱种植面积呈现稳中有升的趋势。从统计数据看，2013—2017年，高粱种植面积在900万亩波动，最高938万亩，最低861万亩。2018年，高粱种植面积有所增加，超过1 000万亩，为1 080万亩。尽管最近几年连续受到干旱影响，但由于优良品种的使用和配套技术的完善，全国高粱平均单产稳中有升。2011年和2012年亩产为273千克/亩，2013年提高到331千克/亩，2015年以来一直稳定在320千克/亩左右，2019年单产（313千克/亩）水平略有下降，较2018年下降2%，始终处于世界主产国前列，甚至经常高于美国。2011年以来，全国高粱总产量随播种面积以及单产水平的变化而有一定波动，但总体呈现上升趋势。2018年总产量创新高，达到345万吨，比2011年提高68.3%，占世界的6.2%，2019年总产量再创新高，达到360万吨，与2018年相比，总产增加4.3%。

2020年，从全国高粱主产省种植面积看，内蒙古、吉林、贵州、四川、辽宁排在前5位，分别约200万亩、160万亩、140万亩、120万亩和100万亩。从单产水平看，吉林、黑龙江、辽宁、四川、内蒙古排在前5位，分别约为480千克/亩、400千克/亩、380千克/亩、350千克/亩、300千克/亩。从生产方式看，全国各省高粱规模化、机械化生产步伐加快。从利用途径来看，全国各省（区）饲用高粱生产和应用比例加大。养殖业圈养比例提高和对饲料品质要求的提升，使大家对高粱用作饲料增加了认识和信心，甜高粱和饲草高粱作为青贮和青饲料种植比例加大，高粱用途出现多样化趋势。

3. 中国高粱的主产县生产情况

高粱在中国的分布范围非常广泛，各地都有高粱栽培，但主产区却很集中。秦岭黄河以北，特别是长城以北是中国高粱的主产区。

高粱主产县分别如下：内蒙古自治区通辽市的科左中旗、库伦旗和开鲁，赤峰市的敖汉旗、宁城、喀喇沁等地区；吉林省公主岭、梨树、德惠、蛟河、长白、大安、乾安、洮南等市县；黑龙江省松嫩平原中南部的肇源县、杜蒙县、泰来县、克山等市县；辽宁省建平、建昌、阜蒙、凌海、义县和绥中等地区；贵州的仁怀、毕节、金沙、铜仁、桐梓县等市县；四川省的宜宾、泸州、自贡山、达州、南充、德阳等市；山西省太原市的小店、清徐，吕梁市的文水、汾阳，晋中市的祁县、太谷，长治市的屯留、沁县，忻州市的定襄、忻府等市县。

建平县：位于辽宁省朝阳市，是全国高粱种植主产县，也是全国优质高粱输出基地，常年种植面积约 18 万亩，总产约 12.6 万吨，单产水平约 700 千克 / 亩。一年一季，一般是玉米或者谷子与高粱进行轮作倒茬。种植品种主要是辽粘 3 号、辽糯 11、红糯 16、辽杂 19、凤杂四、敖杂系列等新育成品种及老品种 10 余个，尤其是辽粘 3 号、辽糯 11 等抗逆高产的优质新品种成为当地主栽品种。种植技术主要采用的是膜下滴灌、水肥一体化、精量播种、联合收获（分段）等高效生产技术。建平县拥有朱碌科镇杂粮加工集散地，集散地加工厂约 60 家。

朝阳县：位于辽宁省朝阳市，是全国高粱种植主产县，也是全国优质高粱优势产区，常年种植面积约 12 万亩，总产约 7.8 万吨，单产水平约 650 千克 / 亩。一年一季，一般是玉米与高粱进行轮作倒茬。种植品种主要是辽粘 3 号、辽糯 11、红糯 16、辽杂 19、赤杂系列等新育成品种及老品种，尤其是辽粘 3 号、辽糯 11 等抗逆高产的优质新品种成为当地主栽品种。种植技术主要采用的是膜下滴灌、水肥一体化、精量播种、全程机械化作业联合收获（分段）等高效生产技术。

阜蒙县：位于辽宁省阜新市，全名阜新蒙古族自治县，是全国高粱种植主产县，也是全国优质高粱优势产区。常年种植面积约 8 万亩，总产约 5 万吨，单产水平约 600 千克 / 亩。一年一季，一般是玉米与高粱进行轮作倒茬。种植品种主要是辽粘 3 号、辽粘 11、辽杂 19、红毛 6 等新育成品种及老品种，尤其是辽粘 3 号、辽糯 11、辽杂 19 等抗逆高产的优质新品种成为当地主栽品种。种植技术主要采用的是膜下滴灌、水肥一体化、精量播种、专用除草剂、联合收获（分段）等高效生产技术。

科左中旗：位于内蒙古自治区通辽市，是全国高粱春播种植主产区，也是全国高粱输出基地，常年种植面积达到 22 万亩，总产约 28.6 万吨，单产水平约为 650 千克 / 亩。春种秋收，一般与玉米或豆类作物轮作倒茬。种植品种主要是通杂 136、通杂 108、通杂 127、通杂 139、吉杂 140、吉杂 124、吉杂 127、吉杂 210、齐杂 106、龙米梁等新品种，尤其是通杂系列和吉杂系列等抗逆高产的优质新品种成为当地主栽品种。种植技术主要采用的是浅埋滴灌、水肥一体化、精量播种、全程机械化等高效生产技术。通过与龙头企业合作、土地流转、签订订单等方式，打造了代力吉镇、努日木镇、花吐古拉镇、胜利乡等万亩高粱种植示范区。特别是与丰原集团、汾酒集团合作，在保康工业园区建设加工厂、配套设施等，延伸产业链，提高产业附加值。

突泉县：位于内蒙古自治区兴安盟，是全国高粱种植主产区，也是全国高粱输出基地，常年高粱种植面积约为 24 万亩，总产约为 10.76 万吨，单产水平约为 440 千克/亩。春种秋收，一般与玉米或豆类作物进行轮作倒茬。种植品种主要是齐杂 107、绥杂 7、齐杂 722、龙杂 18、龙杂 20、齐杂 20、通杂 108、吉杂 127、吉杂 124 等高粱新品种。种植技术主要采用的膜下滴灌、水肥一体化、精量播种、机械化收获等高粱高效生产技术。通过订单农业、贸易商、杂粮收购点输出高粱，一般都销往南方酒厂。

敖汉旗：位于内蒙古自治区赤峰市，是全国高粱种植主产区，也是全国高粱输出基地，常年高粱种植面积约为 25 万亩以上，总产约为 15 万吨，单产水平约为 600 千克/亩。春种秋收，一般与玉米或谷子进行轮作倒茬。种植品种主要是敖杂 1 号、赤杂 107、赤杂 109、赤杂 101、吉杂 124、吉杂 127 等新育成高粱品种及老品种 10 余个，尤其是赤杂 101、吉杂 124 等抗逆性强高产优质新品种成为当地的主栽品种。种植技术主要采用膜下滴灌、水肥一体、全程机械化、宽窄行半覆膜膜下滴灌农机农艺配套栽培技术、精量播种等高效生产技术。敖汉旗拥有内蒙古金沟农业、禾为贵农业发展（集团）有限公司、惠隆杂粮等杂粮企业 184 家，杂粮种植加工农民专业合作社 366 家。

嫩江市：位于黑龙江省黑河市，是全国极早熟高粱种植主产县、国家优质酒用高粱生产基地，常年种植面积约 25 万亩，总产约 11.25 万吨，单产水平约 450 千克/亩。一年一季，一般是玉米或者大豆与高粱进行轮作倒茬。种植品种主要是龙杂 17、龙杂 19、龙杂 20 等新育成品种及老品种，尤其是龙杂 17 和龙杂 19 等抗逆高产的优质新品种成为当地主栽品种。种植技术主要采用的是 110 厘米大垄，垄上 3 行全程机械化种植模式，利用精细整地、精量播种、化学除草、测土施肥及联合收获等高效生产技术。

甘南县：隶属黑龙江省齐齐哈尔市，全国高粱种植主产县，常年种植面积约 10 万亩，总产约 4.5 万吨，单产水平约 450 千克/亩。一年一季，一般在沿江低洼地种植，与玉米轮作倒茬。种植品种主要是龙杂 21、龙杂 22、龙杂 25、齐杂 722、绥杂 7 等育成品种及老品种，尤其是龙杂 22、齐杂 722 和绥杂 7 等抗逆高产的优质新品种为当地主栽品种。种植技术主要采用垄宽 65 厘米垄，垄上双行全程机械化种植模式，利用精细整地、精量播种、化学除草及联合收获等高效生产技术。

富裕县：隶属黑龙江省齐齐哈尔市，全国高粱种植主产县，常年种植面积约7万亩，总产约3.15万吨，单产水平约450千克/亩。一年一季，一般在低洼内涝地种植，与玉米和其他杂粮作物进行轮作倒茬。种植品种主要是糯粱1号、龙杂21、龙杂22、齐杂722、绥杂7等育成品种及老品种，尤其是糯粱1号、龙杂22、齐杂722和绥杂7等抗逆高产的优质新品种成为当地主栽品种。种植技术主要采用垄宽65厘米垄，垄上双行全程机械化种植模式，利用精细整地、精量播种、化学除草及联合收获等高效生产技术。

肇源县：隶属黑龙江省大庆市，全国高粱种植主产县，常年种植面积约25万亩，总产约13.75万吨，单产水平约550千克/亩。一年一季，一般是玉米与高粱进行轮作倒茬。种植品种主要是吉杂127、吉杂159、吉杂229、吉杂97、庆杂88等育成品种及老品种，尤其是吉杂127、吉杂159等抗逆高产的优质新品种成为当地主栽品种。种植技术主要采用垄宽65厘米垄，垄上双行种植模式，利用精细整地、精量播种、化学除草及联合收获等高效生产技术。肇源县拥有新站镇杂粮加工集散地，集散地加工厂约30家。

通榆县：位于吉林省白城市，全国高粱种植主产县，是全国优质高粱基地，常年种植面积约60万亩，总产约35万吨，单产水平约550千克/亩。一年一季，一般是玉米或者谷子与高粱进行轮作倒茬。种植品种主要是吉杂124号、吉杂210、凤杂四、吉杂319系列等新育成品种及老品种10余个，尤其是吉杂124等抗逆高产的优质新品种成为当地主栽品种。糯高粱种植面积约10万亩，主要种植品种有红糯13、晋糯系列。种植技术主要采用的是膜下滴灌、水肥一体化、精量播种、联合收获等高效绿色栽培技术。通榆县拥有杂粮加工集散地，集散地加工厂约60家。

长岭县：位于吉林省松原市，是高粱种植主产县，是五粮液集团、汾酒集团基地，年均种植面积约15万亩，总产8万~10万吨，平均单产超过540千克/亩。一年一季，一般是玉米或者谷子与高粱进行轮作倒茬。种植品种主要是吉杂124号、吉杂319、凤杂8、吉杂127、九糯1等品种。种植技术主要采用的是膜下滴灌、精量播种、联合收获等高效绿色生产技术。长岭县西部拥有杂粮加工集散地，集散地加工厂约15家。

泸县：位于四川省泸州市，是四川名优白酒酿酒高粱的主要原料产地，第十七届中国国际酒业博览会开幕式上，中国酒业协会授予泸县"世界美酒特色产区·中国原酒之乡泸县"称号。全县高粱常年种植面积约13万亩，酒企订单收购合同 12 万亩。全县总产量约 4 万吨，平均亩产 300 千克。一年两季，一般是油菜与高粱轮作倒茬。种植品种主要是郎糯红 19 号、金糯梁 1 号、泸州红 1 号、国窖红 1 号等几个新老品种，郎酒专用品种郎糯红 19 号和泸州老窖专用品种国窖红 1 号是当地的主推品种，种植技术主要采用育苗移栽（露地撒播育苗、漂浮育苗）、覆膜栽培、人工直播、机械收获等技术。泸县拥有省级现代农业五星产业园区 1 个，粮油合作社 10 余家，规模酒企约 41 家。

翠屏区：位于四川省宜宾市，是川南盆地区域优质有机高粱示范基地，高粱常年种植面积 6 万亩以上，全区总产 2 万余吨，平均亩产 300 千克。一年两季，一般是油菜或甘薯等与高粱轮作倒茬。种植品种主要以宜糯红 2 号、宜糯红 4 号、泸州红 1 号、郎糯红 19 号、金糯梁 1 号等几个常规糯高粱品种为代表，特别是以宜糯红 4 号、郎糯红 19 号、泸州红 1 号等五粮液、郎酒的优质订单品种为主推品种，主要采用育苗移栽、覆膜栽植、直播机收等高产高效栽培技术。翠屏区有粮油农业合作社 20 余家。

三、中国青稞的分布与生产

1. 中国青稞的分布与生产概况

青稞的种植范围包括位于整个青藏高原地区的西藏自治区以及青海、四川、甘肃、云南四省，共 20 个地、州、市。由于地势高昂，群山连绵，不足 3% 的耕地散布在大约 250 万千米^{2}的广袤区域（南北垂直距离 1 500 千米，东西 3 000 千米），使青稞生产天然分隔，大致形成了藏南河谷农区、藏东三江流域农区、藏东南农林交错区、喜马拉雅山南坡秋播区、藏西北荒漠高寒农区、柴达木盆地绿洲农区、青海环湖农业区、青海环藏农牧业区、甘肃天祝藏蒙黄高原交汇农区、青（海）南—甘南—阿坝高原农牧过渡区、甘孜荒漠半干旱农区、迪庆温湿农区等 10 多个生产区域类型。此外，临近青藏高原的云南丽江地区、四川凉山州和青海、甘肃接壤的河西走廊一带的军垦农（牧）场也有青稞种植。各产区之间的地理距离少则几百千米，多则数千千米，农田海拔高度从 1 400 多米到 4 700 多米。全区域的青稞种植比例由外向内逐步加大并随海拔高度增高而增加，在海拔高度 4 200 米以上的农田，青稞是唯一种植作物。不同产区因生态、生产条件差异，种植不同类型的品种，藏南河谷、柴达木绿洲等（核心）灌溉农区以种植中晚熟高产类型品种为主，而藏西北、青海环湖、甘南—阿坝、甘孜等高寒、边缘非灌溉农区则以早熟耐寒耐旱的丰产型品种居多，具体品种特征特性就更是五花八门。区域社会经济条件特别是交通状况的限制，使青稞生产长期处于相互分隔的自然状态，自成体系，相互交流既少又难。

青藏高原区域内青稞总生产面积 35.29 万 ~35.84 万公顷，产量 98.67 万~99.4 万吨，分别为该区域粮食作物面积 43% 和总产 38%。西藏自治区青稞种植面积 19.74 万 ~21.3 万公顷、总产量 61.2 万 ~63.6 万吨，占整个粮食总播面积的 66.9% 和粮食总产的 64.7% 以上；青海省青稞种植面积 7.47 万 ~8.15 万公顷、产量 21.7 万 ~22.4 万吨，占全省粮食总播面积和总产的 26% 和 22%；甘南藏族自治州及天祝藏族自治县青稞种植面积 1.87 万 ~1.96 万公顷、产量 4.3 万 ~4.6 万吨，占本州县粮食作物面积和总产 33% 和 30%，川西藏区青稞种植面积 3.75 万 ~3.96 万公顷，产量 8.2 万 ~9.0 万吨，占粮食作物面积和总产的 32% 和 25%，迪庆青稞种植面积 0.68 万 ~1.33 万公顷，产量 1.3 万 ~1.8 万吨，占粮食作物面积和总产的 13.4% 和 10.2%（图 1-23）。青稞在西藏、川西、甘南藏区均为第一大粮食作物，而青海和云南迪庆的青稞酿酒工业已成为支柱产业。总之，青稞不但是藏族群众的基本口粮来源，也是该区域最具优势的特色原料作物，青稞生产的稳定与发展关系到藏区群众的温饱与致富，故而有"青稞增产、粮食丰产，青稞丰收、农民增收"的说法。

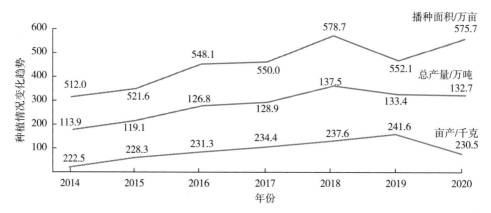

图 1-23　2014—2020 年中国青稞种植面积、总产和单产变化（参见彩图 1-23）

2. 中国青稞的主产省生产情况

目前，我国青稞主要分布在西藏自治区、青海省、甘肃省、云南省和四川省 5 个省（区），近年来在新疆维吾尔自治区有零星分布（图 1-24 至图 1-26）。

据调研，自 2014—2020 年，全国青稞种植面积从 527 万亩增至 580 万亩，增加 9.8%；青稞产量从 120 万吨增至 139 万吨，增加 15.1%；青稞平均单产从每亩 228 千克提高到 239 千克，增加 4.9%。自 2021 年始，全国青稞种植面积有所下降，截至目前青稞全国种植面积约 444.1 万亩，总产约 123.6 万吨，平均亩产约 278.4 千克。

我国青稞主产省播种面积、种植面积和总产情况详见图 1–24 至图 1–26。

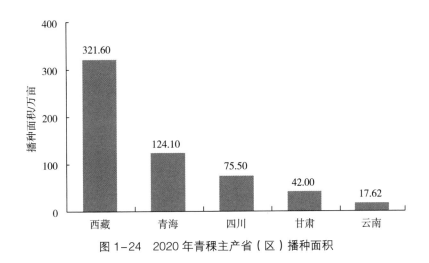

图 1–24　2020 年青稞主产省（区）播种面积

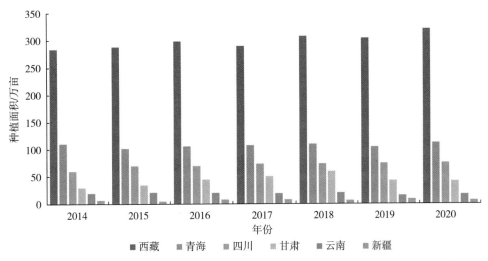

图 1–25　2014—2020 年我国青稞主产省（区）种植面积情况（参见彩图 1–25）

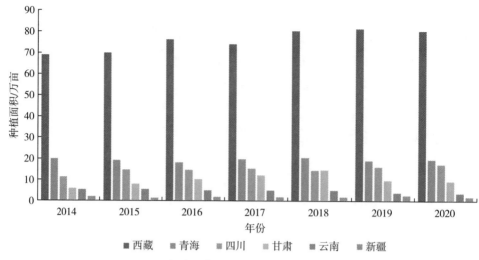

图1-26　2014—2020年我国青稞主产省（区）总产情况（参见彩图1-26）

（1）西藏自治区青稞生产情况

目前，西藏自治区是全国青稞种植面积最大的省（区），2022年青稞生产面积211.0万亩，总产80.12万吨，平均亩产379.7千克。西藏自治区青稞品种经历了3次更新换代。第一次是从当地农家品种中通过系统选育，选育和推广了拉萨勾芒、白玉紫芒、白朗蓝、藏青336、喜玛拉4号、山青5号等品种，使青稞产量大幅度增加，总产量从1960年的12.9万吨，提高到1975年的近23.6万吨，单产从101千克/亩提高到近153千克/亩；第二次是利用从农家品种中选育出的藏青336和喜玛拉4号等青稞新品种，通过杂交育种，选育出了藏青320、喜马拉22号、藏青148等为代表的青稞新品种并且大面积推广应用，青稞单产从150千克/亩增加到230千克/亩，青稞总产量从1975年的23.6万吨提高到2001年的62.8万吨；第三次是围绕提高青稞单产，保障青稞安全的目标，选育并大面积推广应用了藏青2000、喜玛拉22号等为代表的青稞高产新品种，目前这两个品种推广面积占青稞种植面积的70%左右，青稞单产从250千克/亩提高到350多千克/亩，青稞总产量突破70万吨，2016年达到近75万吨。每一次青稞品种更换，青稞亩产均增加40%以上，良种选育和新品种大面积推广应用为西藏自治区青稞增产和保障青稞安全起到了至关重要的作用。

（2）青海省青稞生产情况

青海省是我国青稞生产面积仅次于西藏自治区的省份，1949年全省青稞播种面积为 128.54 万亩,总产 7 565 万千克,亩产 58.85 千克。20 世纪 60 年代前后,全省青稞产量增长幅度较大。1957 年播种面积为 129.34 万亩,总产 14 034.5 万千克,亩产 108.5 千克。与 1949 年相比总产增加了 6 469.5 万千克,亩产增加 49.65 千克。到 1962 年青稞播种面积达 260.88 万亩,总产 13 709.5 万千克,亩产 52.55 千克。与 1949 年相比面积增加 132.34 万亩,总产增加 6 144.5 万千克,亩产下降 6.3 千克。近年来,播种面积稳定在 120 万亩左右,总产 20.5 万吨左右,平均亩产 164.0 千克。青海省青稞主栽品种的推广应用经历了 4 个阶段,第一阶段在 20 世纪 70 年代以前,年均种植面积 210 万亩左右,主要以地方品种为主;第二阶段在 20 世纪 70—90 年代,种植面积 90 万 ~160 万亩,以杂交选育品种为主,主推品种有北青 3 号、北青 6 号、昆仑 1 号、昆仑 10 号等高产品种;第三阶段在 20 世纪 90 年代末至 2010 年,受"减粮增油、减麦增豆"等种植业结构调整政策,青稞种植面积下滑,最低时仅 45 万亩(2002 年),科研初步形成以高产品种选育和配套栽培技术研究为主,同时开展品质改良研究,主推品种有柴青 1 号、北青 8 号、昆仑 12 号等高产优质品种;第四阶段为 2010 年后,高原特色农业发展提速,青稞种植面积稳步回升,目前种植面积为 100 万 ~110 万亩,科研初步形成以品种选育为核心,包括栽培技术、加工技术在内的全产业链研究体系,育种方向涵盖高产粮用、粮饲兼用、加工专用等多用途方向,育成和主推品种有高产粮用品种昆仑 15 号,粮草双高品种昆仑 14 号、北青 9 号,黑色加工专用品种昆仑 17 号等。

(3)四川省青稞生产情况

四川省的青稞种植面积总体变化较小,稳定在 63 万 ~73.5 万亩,主要分布在海拔 1 500 米以上的甘孜、阿坝、凉山三州的高原、山地及河谷地区,总产约 12 万吨,青稞平均单产总趋势逐步提高,从 1961 年的 91.5 千克 / 亩,到 2000 年的 154.5 千克 / 亩,再到 2019 年的 204 千克 / 亩,产量水平提高明显,其中育成品种的推广应用起到关键作用;青稞最高单产稳步提高,而最近育成的青稞品种在最佳栽培环境下亩产可达 450 千克以上。2022 年,四川省青稞生产面积 72.2 万亩,总产 15.22 万吨,平均亩产 210.8 千克。近年来,四川省主推青稞品种有康青 11 号、康青糯 1 号、阿青 7 号、川大麦 15086、川大麦 15087 等。

(4)甘肃省青稞生产情况

甘南藏族自治州青稞种植面积和产量均居其他种植区之首。20 世纪,甘肃省青稞播种面积稳定在增长，全省种植面积约 36 万亩；2010 年起，由于国家退耕还林政策的推行和种植业结构调整等因素，青稞种植面积逐步缩减。甘肃省青稞主要种植地甘南藏族自治州青稞种植面积 23 万亩，占全州农作物种植面积的 28%，产量约占全州粮食总产量的 35%。近年来，由于退耕还林还草等项目的实施，种植面积减少到 18 万亩左右。2018 年甘南藏族自治州农村统计年报中全州农作物播种总面积为 103.51 亩，其中青稞播种面积 16.81 万亩，总产 2.34 万吨，粮草比例为 1∶1.2，粮饲总产 6.36 万吨。武威天祝藏族自治县总耕地面积 5.56 万公顷，其中山旱地占 4.45 万公顷，山旱地占总耕地面积的 80%，常年青稞种植面积约 3.69 万公顷。在海拔 2 550 米以上的山旱地，青稞种植面积约 8 万亩，总产量达到 1.66 万吨，产量不高，只占全年青稞产量的 7.5% 以上。甘肃山丹马场区域，青稞种植面积据统计有 3 万 ~5 万亩。2022 年，甘肃生产面积 28.4 万亩，总产 6.38 万吨，平均亩产 220.0 千克。近年来，甘肃省主推青稞品种因地域而异，甘南藏族自治州主要以甘青 4 号、黄青 1 号、肚里黄等品种为主，天祝藏族自治县主要以昆仑 14 号、北青 6 号、藏青 25 等优质高产青稞品种为主。

（5）云南省青稞生产情况

云南省的青稞种植面积总体变化较小，主要分布在迪庆藏族自治州香格里拉市、维西县和德钦县，常年种植面积 7.0 万亩左右。青稞一直是迪庆高原地区第一大作物，生产地位十分突出，2019 年迪庆青稞种植面积 71 025 亩左右，单产 185.37 千克，总产量 13 166 吨左右，总产值 4 213.12 万元，2022 年种植面积 7.5 万亩，总产 1.44 万吨，平均亩产 192.0 千克。生产上主要利用的品种有云青 1 号、云青 2 号、长黑、短白和云大麦 12 号等。

3. 青稞主产县生产情况

拉萨市 6 县区：西藏自治区拉萨市曲水县、尼木县、林周县、达孜区、堆龙德庆区、墨竹工卡县 2022 年青稞种植面积共计 31.34 万亩，其中，曲水县 2.5 万亩、尼木县 2.48 万亩、林周县 12.4 万亩、达孜区 2.5 万亩、堆龙德庆区 5.11 万亩、墨竹工卡县 6.35 万亩，单产 350 千克 / 亩，年总产量 10.96 万吨。一年一季，忌连作，一般油菜、玉米、豌豆等作物轮作，主推品种有藏青 2000、藏青 85、藏青 320、喜玛拉 22、喜玛拉 19 等，种植技术分两种，耕地平整地块采用全程机械化整地、施肥、播种、田间管理和收获等技术，山旱地多采用人工撒播和收获。

山南市 4 县区：西藏自治区山南市乃东区、桑日县、扎囊县、贡嘎县 2022 年青稞种植面积共计 18.3 万亩，其中，乃东区 6.5 万亩、桑日县 1.5 万亩、扎囊县 5.0 万亩、贡嘎县 5.3 万亩，单产 300 千克 / 亩，年总产量 5.49 万吨。主推品种有藏青 2000、山青 9 号、冬青 18 号、喜拉 22 号和隆子黑青稞等，种植技术基本实现全程机械化。

日喀则市 6 县区：西藏自治区日喀则市桑珠孜区、白朗县、江孜县、南木林县、萨迦县、拉孜县 2022 年青稞种植面积共计约 88.5 万亩，其中，桑珠孜区 21.06 万亩、白朗县 8.83 万亩、江孜县 11.1 万亩、南木林县 7.39 万亩、萨迦县 7.5 万亩、拉孜县 8.9 万亩、其余县区累计 23.72 万亩，单产 434 千克 / 亩，年总产量 38.41 万吨。主推品种有藏青 2000、喜马拉 22 号、藏青 3000、喜马拉 19、山青 9 号和藏青 320 等，种植技术主要采用全程机械化精细整地、土壤处理、均衡施肥、精量播种、苗期管理（病虫草害防控、追肥、叶面肥喷施）和联合收获等高效生产技术，是西藏自治区高效生产技术应用最广泛的地区。

昌都市：西藏自治区昌都市 2022 年青稞种植面积共计 55.3 万亩，单产 298 千克 / 亩，总产量 16.48 万吨，主推品种有藏青 2000、喜马拉 22 号、藏青 3000、藏青 320 等，种植技术主要采用精细整地、合理水肥、精量播种合理密植、全程机械化除草、联合收获等高效生产技术，生产水平较高。

共和县（塘格木镇）：青海省海南藏族自治州，青海省青稞种植面积最大的州（县、镇），属高寒台地青稞区，约 1/3 耕地有灌溉条件，海拔 2 800~3 400 米，常年种植面积约 60 万亩，平均单产 350 千克 / 亩，总产约 21 万吨，被农业农村部认定为第二批国家区域性青稞良种繁育基地。一年一季，一般与油菜、蚕豆或马铃薯进行轮作，主推中（早）熟、中秆、高产、抗倒伏型品种，主推品种为柴青 1 号、昆仑 15 号、昆仑 14 号等白粒型品种和少量昆仑 17 号黑粒加工专用型品种。种植技术主要采用精细整地、合理水肥、精量播种合理密植、全程机械化除草、联合收获等高效生产技术。

门源县：青海省海北藏族自治州，位于青藏高原北部，门源县生产的青稞裸粒呈椭圆形、颗粒饱满、均匀，千粒重高，具有良好种子外观，是生产青稞制品优质原料基地、青海省青稞第二大产区，属高寒旱作阴湿区，海拔 2 700~3 200 米，常年种植面积约 25 万亩，平均单产 200 千克 / 亩，总产约 5 万吨，门源青稞属全国农产品地理标志产品。一年一季，一般与白菜型小油菜进行轮作，主推早熟、粮草双高、抗寒耐低温和抗倒伏型品种，主推品种为昆仑14号（白粒）、北青8号（白粒）、甘青4号（蓝粒）、肚里黄等品种（蓝粒）。种植主要采用全程机械化精细整地、土壤处理、均衡施肥、精量播种、苗期管理（病虫草害防控、追肥、叶面肥喷施）和联合收获等高效生产技术。

囊谦县：青海省玉树藏族自治州，属典型高寒山地青稞区，海拔3 500~4 000米，常年青稞种植面积15万亩左右，单产150千克/亩，总产约2.25万吨，囊谦黑青稞为当地特色农产品。一年一季，因气候条件限制，一般采用休耕不采用轮作，主推特早熟、粮草双高、耐贫瘠、抗寒耐低温、抗倒伏型品种，主推品种为北青4号、昆仑14号和囊谦黑青稞（地方品种）。种植技术落后，一般采用人工撒播技术，大部分地区不开展化控技术（宗教信仰）。

都兰县：青海省海西蒙古族藏族自治州，属柴达木盆地干旱荒漠绿洲农业灌溉区，海拔跨度2 600~3 200米，常年青稞种植面积10万亩左右，属全国青稞单产最高地区，单产450千克/亩，总产约4.5万吨，是青海省农作物优质良种繁育基地。一年一季，一般与油菜、马铃薯、小麦、藜麦等进行轮作，主推中（早）熟、中秆、高产、抗倒伏型品种，主推柴青1号和昆仑15号籽粒高产型品种，种植技术主要采用全程机械化精细整地、土壤处理、均衡施肥、精量播种、苗期管理（病虫草害防控、追肥、叶面肥喷施、适时灌溉）和联合收获等高效生产技术。

贵德县、兴海县、同德县、祁连县、贵南县、刚察县：6个县属青海省小块儿青稞种植区，常年合计种植面积10万亩左右，因地域跨度较大，单产200~300千克/亩。青稞种植均为一年一季，一般可参与轮作的作物有油菜、马铃薯、蚕豆等，主推品种为近年来选育的柴青1号、昆仑14号、昆仑15号、昆仑18号等新品种，种植基本实现全程机械化，生产技术较高效。

甘孜藏族自治州17个县市：四川省甘孜州青稞农产品地理标志地域保护范围包括康定市、丹巴县、九龙县、雅江县、道孚县、炉霍县、甘孜县、新龙县、德格县、白玉县、石渠县、色达县、理塘县、巴塘县、乡城县、稻城县、得荣县等17个县（市），青稞种植区主要分布在海拔2 800~3 600米，其中种植面积4万亩以上的有甘孜、康定、炉霍、白玉、德格5个县（市），在3万亩以上的有理塘、道孚、稻城、新龙4个县，在2万亩以上的有石渠、雅江2个县，在2万亩以下的有巴塘、色达、乡城、得荣、九龙、丹巴6个县。除泸定县外，甘孜藏族自治州17个县（市）常年合计种植青稞面积约50万亩，占全州农作物种植面积的 40%，单产 200 千克 / 亩，年总产量 9.73 万吨。一年一季，一般与玉米、马铃薯、油菜、蚕豆等轮作，主推品种为康青 3 号、康青 6 号、康青 7 号、康青 8 号、康青 9 号等品种。种植技术主要包括科学施肥、化学除草、病虫综防等实用增产栽培技术，近年来，通过实施农机购置补贴政策，大型播种机、机动喷雾器、联合收割机等农业机具得以普及，机耕、机播、机收面积逐年增大，青稞从种到收实现了全程机械化。

阿坝藏族羌族自治州 5 个县市：四川省阿坝州处于青藏高原东南部，是四川省藏民族的主要聚居区，青稞是阿坝州阿坝县、若尔盖县、松潘县、壤塘县、马尔康市 5 个县市分布最广的农作物，常年合计种植青稞面积 21.5 万亩左右，其中，阿坝县 8.6 万亩、壤塘 2.8 万亩、若尔盖县 2.8 万亩、马尔康市 2.6 万亩、松潘县 3.2 万亩，其余县合计 1.5 万亩左右，单产 195 千克 / 亩，年总产量 4.19 万吨。一年一季，一般与油菜、马铃薯、豆类作物轮作，主推品种有阿青 4 号、阿青 5 号、阿青 6 号、康青 3 号、康青 6 号、北青 4 号、藏青 2000、本地紫青稞和阿坝黑青稞等，种植主要推广基于全程机械化的整地、精量播种、均衡施肥、田间管理、联合收获、秸秆打捆和籽粒烘干等全程高效生产技术。

甘南藏族自治州 8 个县市：甘南藏族自治州地处甘肃省西南部，青稞是甘南藏族自治州种植历史悠久、分布最广的粮食作物之一。2022 年甘南州青稞种植面积约 22 万亩，其中，夏河县 5 万亩、玛曲县和碌曲县 1 万亩、卓尼县 5.5 万亩、迭部县 2.1 万亩、临潭县 1.7 万亩、舟曲县 1.4 万亩、合作市 5.0 万亩，单产 200 千克 / 亩，年总产量 4.4 万吨。一年一季，一般与油菜、马铃薯、豆类作物轮作，主推品种有甘青 4 号、黄青 1 号、甘青 6 号、甘青 7 号、甘青 8 号、甘青 9 号、甘青 10 号、甘青 11 号等，种植主要采用全程机械化精细整地、均衡施肥、精量播种、苗期管理（病虫草害防控、追肥、叶面肥喷施、适时灌溉）和联合收获等高效生产技术。

天祝藏族自治县：位于甘肃省武威市，地处河西走廊东端，属青藏高原东北边缘。2022 年天祝县青稞种植面积约 5.5 万亩，单产 220 千克 / 亩，年总产量 1.21 万吨。一年一季，一般与油菜、豌豆、马铃薯等轮作，主推品种有昆仑 14 号和藏青 25 号等，种植主要推广全程机械化土壤深松耕、测土配方施肥、精量播种、培肥地力、有害生物综合防控、联合收获等实用高效技术。

迪庆藏族自治州 3 个县（市）：迪庆州位于云南省西北部，滇、藏、川三省（区）交界处。香格里拉市、维西县和德钦县 3 个县（市）常年合计青稞种植面积 7.0 万亩左右，其中，香格里拉市 5.0 万亩、维西县和德钦县约各 1 万亩，单产 180 千克 / 亩，年总产量 1.26 万吨。一年一季，一般与玉米、油菜、豆类作物轮作，主推品种有云大麦 12 号、长黑青稞、短白青稞、青海黄、云青 1 号、云青 2 号、玖格等，种植主要推广全程机械化翻整地、科学精量施肥、精量播种、控草防病和联合收获等高效技术。

第二章 禾谷类杂粮贸易与流通

第一节 禾谷类杂粮贸易概况

一、谷子的贸易情况

1. 国际粟类作物贸易情况

"Millet"在国际上是指粟类作物，是小粒粮食或饲料作物的总称。主要包括珍珠粟、龙爪稷、黍稷、谷子、小黍、食用稗、圆果雀稗、苔麸等，"Foxtail millet"是指谷子。下面简要介绍一下国际上的粟类作物的贸易情况。

FAO 数据显示，长期以来世界粟类作物进口量趋于稳定，但是局部时间段内有所变化，1961—1973 年世界粟类作物进口量由 14.5 万吨增长到 59.4 万吨，随后又逐渐降低。1993 年进口量突增至 93.4 万吨，1994 年降到 23.6 万吨。2013 年又出现增长趋势，进口量 35.3 万吨。出口总额与进口总额变化基本一致，呈现增长趋势。由 1961 年的 1 133 万美元增长到 2013 年的 17 273 万美元，增长 14 倍之多。世界粟类作物进口国家主要有也门、比利时、美国、坦桑尼亚、德国、印度尼西亚等国家。2020 年世界粟类作物进口 50.04 万吨，进口额 2.2 亿美元（图 2-1）。

目前，世界粟类作物进口量最多的国家为肯尼亚、印度尼西亚、德国、伊朗等国家，但整体进口量不大，且各进口国在年度间的进口量变动较小。受进口量的影响，肯尼亚、印度尼西亚、德国的进口额最多，其中，肯尼亚的进口单价为 213.67 美元 / 吨，印度尼西亚的进口单价为 406.82 美元 / 吨，德国的进口单价为

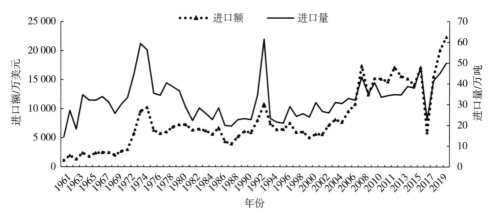

图 2-1 1961—2020 年世界粟类作物进口额与进口量

413.66 美元 / 吨。

　　FAO 数据显示，1961—2013 年，全世界粟类作物出口总量变化不大，但是在 20 世纪 80—90 年代出现过明显的降低，1990 年出口总量为 16.9 万吨。尽管世界出口总量变化不大，但出口总额却出现增加，1961 年世界出口总额 1 138 万美元，到 2013 年增加到 13 313 万美元，增长 11.7 倍。出口国家主要是比利时、美国、也门、德国、西班牙等国家。2017 世界粟类作物出口量为近 20 年来的最低，仅有 22.68 万吨。2020 年世界粟类作物出口 51.13 万吨，出口额 1.9 亿美元（图 2-2）。

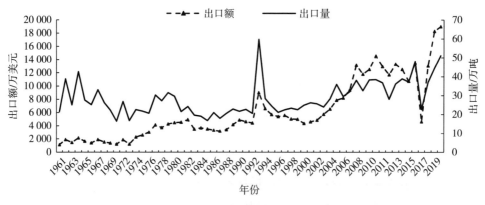

图 2-2 1961—2020 年世界粟类作物出口额与出口量

　　1961 年世界粟类作物出口量最多的国家分别为乍得、尼日尔、苏丹等国家，

2017 年世界粟类作物出口量最多的国家为乌干达、美国、印度等国家，整体来看，出口量较小。1961—2017 年，世界粟类作物主要出口国家的出口额呈上涨的趋势，1961 年阿根廷的出口额仅为 362.90 万美元，2017 年美国的出口额高达 2 584.90 万美元，整体来看，受需求的影响，各国的出口量与出口额均较低。

2. 中国谷子贸易情况

根据 FAO 数据显示，近 60 年内，中国只在少数年份存在进口，而且中国进口的数据，不是中国的谷子（Foxtail millet），而是国际上的粟类作物（Millet），主要是糜子和珍珠粟等。

1962—2020 年中国谷子进口量与进口额详见图 2-3。

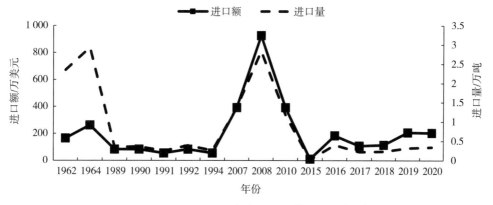

图 2-3 1962—2020 年中国谷子进口量及进口额

中国谷子（Foxtail millet）主要以出口为主，除个别年份需要进口。中国向全球 60 多个国家出口谷子，主要出口到韩国、德国、印度尼西亚、英国、荷兰、越南、日本、意大利、法国、泰国等国家。1963—1979 年谷子出口量呈快速递增趋势，到 20 世纪 80 年代初期，直线减少，从 1985 年开始保持较稳定的出口量。"入世"后，中国谷子出口竞争力增强，出口量小幅增长。1995—2003 年，谷子出口量由 1995 年的 1.82 万吨，增长到 2003 年的 4.22 万吨，增长 133.3%，之后到 2015 年持续降低，2015 年出口量 4 800 吨，2016 年稍有增长为 5 400 吨，2017 年的出口量为 5 600 吨。2021 年中国谷子出口量为 4 600 吨。主要出口国家为日本、西班牙、印度尼西亚、韩国和德国等，主要出口省（市）为甘肃、辽宁、天津等。

中国谷子出口额呈现波动增长的趋势，1961—1976 年谷子出口额由 10.00 万美元增长为 1 000.00 万美元，随后的 1977—1981 年出口额出现急剧下降的态势，由 740.00 万美元急剧下降为 15.60 万美元，随后缓慢上升，1995 年达到 3 566.3 万元，2013 年增长到 5 413.3 万元，但是 2014 年后出口额持续下降，到 2017 年降到 3 286.4 万元，2018 年后上涨，2021 年中国谷子出口额为 4 177.5 万元。近几年，中国谷子的出口价格逐渐增长，2011 年谷子出口单价 3 656.4 元 / 吨，到 2021 年达到 9 088.1 元 / 吨（图 2-4）。

图 2-4　2011—2021 年中国谷子出口量和出口额

二、高粱的贸易情况

1. 国际高粱贸易情况

1961—2020 年世界高粱进口量与进口额均呈波动上涨态势，进口量由 1961 年的 217.56 万吨上涨为 2020 年的 683.00 万吨，涨幅高达 213.94%（图 2-5），进口额由 1961 年的 11 512.00 万美元上涨为 2017 年的 174 992.90 万美元。

世界高粱进口国主要集中在中国、日本、墨西哥、西班牙等国家，其中，日本的进口量由 1961 年的 14.60 万吨增加到 2020 年的 38.23 万吨，墨西哥的进口量由 1961 年的 3.13 万吨增加到 2020 年的 32.78 万吨。受需求影响，荷兰、以色列等国家的进口量逐年减少。目前中国是世界高粱进口额最大的国家，2020

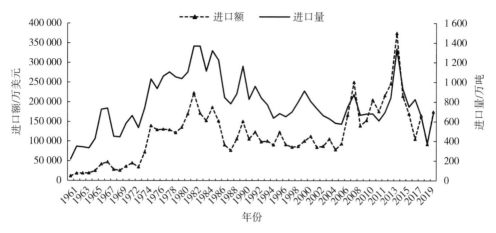

图 2-5　1961—2020 年世界高粱进口额与进口量

的进口额为 116 833.40 万美元，其次为埃塞俄比亚、日本、墨西哥等国家，但它们的进口额相对较小。

1961—2020 年世界高粱出口量与出口额同样呈波动上涨的态势，出口量由 1961 年的 228.17 万吨增加为 2020 年的 791.09 万吨，出口额由 1961 年的 9 704.60 万美元增加到 2017 年的 170 942.20 万美元。60 年间，1982 年的出口量最多，高达 1 447.66 万吨，2014 年的出口额最高，高达 311 672.00 万美元（图 2-6）。

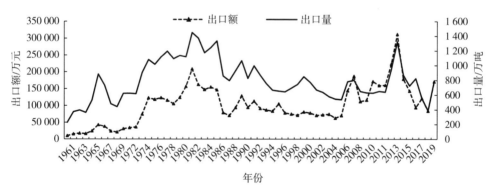

图 2-6　1961—2020 世界高粱出口额与出口量

美国、阿根廷、澳大利亚是世界高粱出口最多的国家，其中当数美国的出口量最多，2020 年美国出口高粱 658.65 万吨。此外，苏丹、法国、泰国等国家也有出口。美国、澳大利亚、阿根廷同样也是世界高粱出口额最多的国家，且它们的出口额在 1961—2020 年不断上升。2020 年美国高粱的出口额高达

139 291.70 万美元。

2. 中国高粱贸易情况

1961—1967 年中国没有进口高粱，1968 年开始中国逐步开始进口高粱，但进口量较少，1974 年后进口量小幅上涨，1974—1989 年共进口高粱 755.12 万吨，1990 年进口量开始小幅下降，一直到 2013 年进口量激增，2013 年的高粱进口量为 119.77 万吨，2015 年达到历史进口量最高值为 1076.98 万吨，进口额高达 185 亿元（图 2-7）。2019 年我国进口高粱 79.47 万吨，主要集中在 7—10 月集中到港通关，7—11 月高粱进口量 78.33 万吨，占全年进口量 98.56%，2019 年高粱进口少的原因是对美"双反"调查引起。2019 年我国主要从美国、澳大利亚和阿根廷进口高粱，其中进口美国高粱 59.06 万吨，占比 80%；进口澳大利亚高粱 7.08 万吨，占比 10%；进口阿根廷高粱 6.15 万吨，占比 9%。还有少量从缅甸进口 6 146 吨。1961—2021 年中国高粱进口单价最高为 2013 年 2 120.8 元/吨。2021 年高粱进口 941.7 万吨，进口额 195.4 亿元，单价 2 075 元/吨，主要来源国为美国、阿根廷、澳大利亚和缅甸。中国进口高粱主要用于饲料，因此高粱进口量与玉米价格波动息息相关。玉米价格在高价位运行，进口高粱激增，替代玉米作饲料。国产高粱单宁含量较高，主要用于酿造白酒、生产食醋，价格高于进口高粱，中国高粱整体出口量较小。

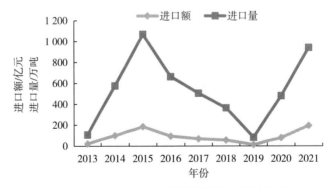

图 2-7　2013—2021 年中国高粱进口额和进口量

三、青稞的贸易情况

1. 出口贸易规模

根据西藏自治区统计年鉴数据显示，2015—2019 年，我国青稞产品出口额分别为 322.26 亿元、358.30 亿元、349.58 亿元、359.42 亿元、346.33 亿元，虽然 2016 年和 2018 年较其前一年的出口额都有所下降，但从 5 年发展上看，青稞产品出口额整体上还是呈增长趋势，青稞产品出口额 2018 年比 2014 年增长 7.42%，净增长 24.07 亿元，年均增长率为 5.58%，5 年青稞产品出口总额累计 1 735.89 亿元，而 2018 年出口额为 346.33 亿元（图 2-8），比规划出口指标 278 亿元净增加 68.33 亿元，超额 24.58%。

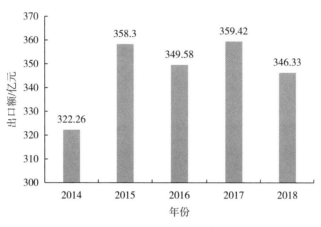

图 2-8 2014—2018 年青稞产品出口额

根据青稞产品协会统计，2018 年青稞产品内销规模不断扩大，达到 3 040 亿元，占比提升至 69.9%，出口规模为 193.74 亿元（图 2-9）。

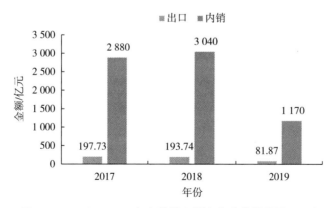

图 2-9 2017—2019 年内外销金额变化（参见彩图 2-9）

2. 青稞产品主要出口市场——五大传统市场出口现状

对外出口青稞产品的五大传统市场主要包括5个国家（表2-1），近年来，青稞产品出口五大市场仍以美国为主，出口金额整体呈增长趋势。欧盟居第二位，出口金额增长趋势亦十分明显。对日出口份额比较稳定，2018年以前居第三位，2018年之后，东盟市场进一步拓展，出口金额超过日本，居第三位。对中国香港出口青稞产品金额有所增长，但2015年后出口金额明显低于其他4个区域。

表2-1　2014—2019年对传统五大市场出口青稞产品金额　（单位：万美元）

年份	美国	日本	东盟	欧盟	中国香港
2014	38 212	4 289	566	15 227	783
2015	44 323	4 241	728	18 463	412
2016	45 480	4 153	845	24 881	372
2017	50 570	4 880	1 038	31 262	937
2018	49 960	4 512	9 870	31 013	2 489
2019	67 056	5 023	15 387	45 145	1 539

数据来源：中国海关2014—2019年数据，http://www.customs.gov.cn/。

近5年来，对美国和日本出口青稞产品份额所占比重有所缩减，其中对美国出口青稞产品份额所占比重从54.88%降至40.16%，对日本出口青稞产品份额所占比重从6.16%降至3.01%。欧盟市场不断扩大，所占比重从21.87%升至27.04%。东盟市场在2019年之后迅速崛起，所占比重跃升至9.21%。中国香港市场所占比重略有下降，从1.12%降至0.92%（表2-2）。

在五大传统市场中，美国和欧盟仍为最主要市场，但出口额增幅低于东盟，日本和中国香港市场已逐渐弱化。造成以上现象的原因如下：第一，受全球金融危机影响，美国、欧盟、日本、中国香港等国家和地区的购买力有所下降，导致进口青稞产品数量减少。第二，受原料、运输费用等生产成本的制约，出口欧美市场青稞产品价格普遍上涨，特别是欧美国家的反倾销等贸易和技术壁垒，大大地阻碍了青稞产品出口贸易的发展。第三，与东盟国家的地缘优势，尤其是中国—东盟自贸区的全面建成，欧盟国家对我国出口青稞产品关税的降低为青稞产品的出口提供了便利条件。另外，在与传统欧美、日本市场贸易不畅的情况下，开辟既无贸易壁垒又无技术壁垒的东盟市场已经成为多元化贸易格局的必然选择。

表 2-2　2005—2010 年传统五大青稞产品市场出口份额比重　（单位：%）

年份	美国	日本	东盟	欧盟	中国香港
2014	54.88	6.16	0.81	21.87	1.12
2015	54.32	5.20	0.89	22.63	0.50
2016	50.101	4.57	0.93	27.14	0.41
2017	47.14	4.55	0.97	29.14	0.87
2018	41.36	3.74	8.17	25.68	2.06
2019	40.16	3.01	9.21	27.04	0.92

数据来源：中国海关 2014—2019 年数据，http://www.customs.gov.cn/。

3. 新兴区域市场出口现状

对外出口青稞产品的主要新兴区域市场包括：中东地区、拉丁美洲、非洲和独联体国家。从表可以看出，近年来，青稞产品出口新兴市场区域主要包括拉丁美洲、中东地区、非洲和独联体国家，其中拉丁美洲、中东地区、非洲的出口金额有上涨趋势，独联体国家有下降趋势。2014 年向中东地区出口青稞产品金额最高，达 1 264 万美元。2014—2017 年向拉丁美洲国家出口青稞产品金额超过中东，分别为 1 930 万美元、2 505 万美元、3 239 万美元，连续 3 年出口金额居首位。2018 年，向中东地区出口青稞产品金额迅速提升，超越拉丁美洲，再次居出口金额榜首，2019 年出口金额退居第二位（表 2-3）。

表 2-3　2014—2019 年对新兴市场区域出口青稞产品金额　（单位：万美元）

年份	独联体[1]	中东地区	拉丁美洲	非洲
2014	170	1 264	989	520
2015	401	1 535	1930	1 191
2016	621	2 033	2 505	1 527
2017	987	2 205	3 239	1 403
2018	437	4 848	3 569	2 417
2019	913	5 451	6 490	3 259

注：①独联体，是独立国家联合体的简称，是苏联解体时由多个苏联加盟共和国组成的一个地区组织。

数据来源：中国海关 2014—2019 年数据，http://www.customs.gov.cn/。

从表 2-4 可以看出，近年来，对上述 4 个新兴区域市场出口青稞产品份额趋势与出口青稞产品金额一致。对独联体国家出口青稞产品所占份额呈波动趋势，对拉丁美洲、中东地区、非洲等出口青稞产品份额有上升趋势。2017 年对中东地区出口青稞产品所占份额达到 4.01%，高于当年对日本（3.73%）和中国香港（2.06%）出口青稞产品的比重。2010 年对拉丁美洲出口青稞产品所占份额达到 3.89%，高于当年对日本（3.01%）和中国香港（0.92%）出口青稞产品的比重。

表 2-4　2014—2019 年对新兴市场区域出口青稞产品份额比重　（单位：%）

年份	独联体国家	中东地区	拉丁美洲	非洲
2014	0.58	1.82	1.42	0.75
2015	0.76	1.88	2.37	1.46
2016	1.09	2.24	2.76	1.68
2017	0.41	2.06	3.02	1.31
2018	0.76	4.01	2.95	2.00
2019	0.55	3.26	3.89	1.95

数据来源：中国海关 2014—2019 年数据，http://www.customs.gov.cn/。

青稞产品出口的四大新兴区域市场以拉丁美洲和中东地区为主，出口金额增幅较大。造成这种现象的原因如下：从外部环境看，2014 年以后，拉丁美洲各国多个经济体系已经摆脱衰退，稳定复苏，尤其是拉丁美洲国家签订的自由贸易协定，使当地的进出口贸易更加自由，当地对青稞产品的需求也日益强劲。从内部环境看，我国商务部提出"加大财税金融政策支持、大力开拓新兴市场、优化出口商品结构、大力发展服务贸易、积极扩大进口"等 5 项措施，为青稞产品出口贸易在欧盟、美国、日本传统市场需求萎缩，贸易壁垒加剧的情况下，开拓中东地区、拉丁美洲等新市场提供条件。

第二节　禾谷类杂粮市场动态

一、谷子市场动态

1. 批发市场小米价格变化趋势

通过对石家庄桥西批发市场小米的价格监测发现，2012 年以前小米价格在

5.0 元／千克上下浮动。进入 2013 年 3 月后，价格开始上扬，2014 年 9 月达到了顶峰，为 11.6 元／千克，之后开始震荡下调。2016 年以后价格呈现反弹，但不及 2014 年涨势。2020 年 5—9 月受疫情等多方因素影响，价格上涨到 9.6~10 元／千克，近几年，价格为 7~9 元／千克。2022 年年底，小米价格为 9.5 元／千克。从历年小米价格变化发现，小米的价格每年呈现周期变化，春节后短期的小幅涨价，3 月后逐渐降低，8 月有明显反弹，到 9 月初新小米上市后价格逐渐降低，10 月后价格平稳直到春节，其间"双 11"和"双 12"，短期上涨，幅度不大（图 2-10）。

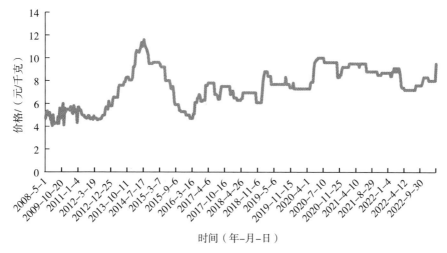

图 2-10　2005—2022 年石家庄桥西批发市场小米交易价格走势

2. 谷子（小米）的价格变化趋势

目前，石家庄藁城马庄小米集散地的谷子主要以金苗 K1、黄金苗、红谷、吨谷等优质品种为主。

截至 2022 年，监测马庄集散地的谷子（小米）价格数据 1 万余个，谷价的波动呈现出倒"U"形，在 2014 年达到高峰，谷价高达 9.56 元／千克（图 2-11），随后开始大幅下降。2022 年上半年谷价较平稳，到 9 月出现短暂高峰，当年谷子收获后，谷价下降到 5 元／千克左右，维持 2 个月，谷价又出现增长趋势，春节前约 5.4 元／千克。

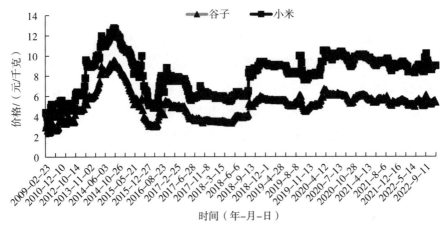

图 2-11 2009—2022 年石家庄藁城马庄小米集散地谷子（小米）价格趋势

3. 超市小米价格变化趋势

2014 年以来开展大型超市小米价格实时监测，监测频率为 3~5 天 / 次，目前数据量达到 3 500 余个。超市散装小米价格波动频繁，主要原因是超市经常搞促销活动，以及受小米品种和产地不同的影响（图 2-12）。另外对沁州黄小米、蔚州贡米等知名品牌包装小米监测发现，价格在 20 元 / 千克以上。

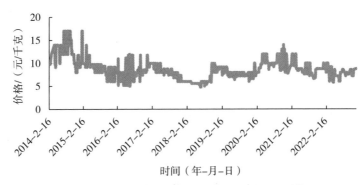

图 2-12 2014—2012 年石家庄北国超市散装小米价格走势

由于超市的促销手段单一，散装小米价格波动起伏不定，最高价可高达 17 元 / 千克，最低价可达 5 元 / 千克，差距较大。

对超市精装小米价格监测显示，精装小米价格自监测之日起变动幅度较小，如沁州黄 0.5 千克袋装售价由 15.9 元 / 袋调整至 19.8 元 / 袋；蔚州贡米 0.9 千克袋装售价由 17.5 元 / 袋调整至 19.9 元 / 袋，其余监测产品清田珍品、黄粱梦以及蔚州贡米等变化幅度均较小，这一现象表明精包装小米的价格一般不随市场价格的波动而波动。

4. 电子商务平台杂粮价格变化分析

随着电商的推广，杂粮在电商平台的销售日渐火热。自2013年开始对电子商务平台小米价格变动情况进行实时监测，截至目前，共监测电子商务平台数据33 000余个。平台数据显示小米价格波动较小，总体处于高位运行（图2-13）。

总体来看，电子商务平台的小米月度均价变动较小，但销量的波动较大，究其原因是电子商务平台的散装小米以薄利多销为主，包装小米以高档高价销售为主，由于网络价格查询方便，因此，店家一般不会选择经常变动价格；销量的变动受重大节假日的影响较大，每年的11月和12月是销售高峰期，春节期间受快递公司歇业原因，小米处于销售淡季。据电商平台监测发现，截止到2022年12月，杂粮销售的河北省店铺数量326家，产品（宝贝）数量622个。2022年12月份，据电商（淘宝、天猫）显示河北省店铺销售杂粮2.4万件，销售额78.85万元，店铺总量及产量数量均有所减少（图2-13）。

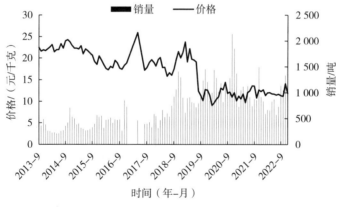

图2-13　2013—2022年电子商务平台小米价格走势

二、高粱市场动态

通过对黄骅高粱贸易集散地价格的监测，发现高粱市场在2021年和2022年呈现高价位运行状态，2022年高粱最高价格7.4元/千克，平均价格呈现增长趋势，但每年年底有所下降，第二年逐渐增长。另外，3—4月高粱价格小幅度增长，之后逐渐平稳，可能是贸易商大量采购高粱的原因。普通红高粱市场价格在

3~4.5 元 / 千克（图 2-14），而红缨子、冀酿 2 号等品种价格可高达 7 元 / 千克，近些年高粱市场涨势较为明显，但由于新冠疫情原因，对市场交易量造成一定影响（图 2-15）。

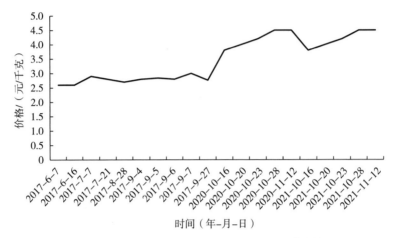

图 2-14　黄骅高粱贸易集散地普通高粱价格趋势

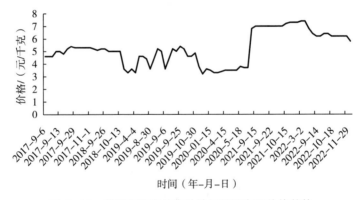

图 2-15　黄骅高粱贸易集散地红缨子高粱价格趋势

2017—2022 年，东北红高粱价格由 1.6 元 / 千克增长到 4.4 元 / 千克，增长 162.5%，在 2020 年 10 月东北红高粱达最高值 4.4 元 / 千克，随后价格迅速回落，2022 年整体呈现上升趋势（图 2-16）。

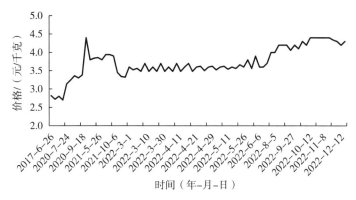

图 2-16　2017—2022 东北红高粱价格趋势

2020—2022 年，贵州红缨子价格在 2020 年上半年总体比较平稳，在 4 元/千克左右，下半年之后高粱价格迅速增长，最高价格可达 8 元/千克，红缨子价格整体比较可观，市场价格相对稳定且价格较高，呈现增长态势（图 2-17）。

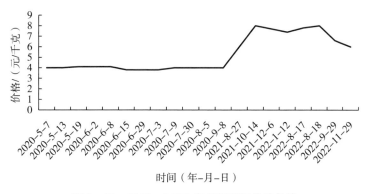

图 2-17　2020—2022 贵州红缨子价格趋势

三、青稞市场动态

2014—2018 年，就全国而言，青稞市场价格平稳上涨，从平均每千克 2.2 元增至 3.4 元。一方面，近年来青稞需求增长较快，另一方面，生态环境保护力度加大、耕地面积有限等因素导致青稞供给增长较为缓慢。20 世纪八九十年代，西藏自治区青稞市场价为 1.4~1.8 元/千克，最高在 2 元/千克左右，而在一些边缘地区，青稞价格为 0.8~1.2 元/千克，价格差超过 0.6 元/千克。近年来，因国家实行鼓励粮食生产政策、青稞加工业的兴起和高原地区自然灾害时有频发，青稞价格有所提升，且存在较大波动。近年来西藏自治区青稞市场价格稳定在 4.0~5.0 元 / 千克，青海省青稞市场价格在 3.0~4.0 元 / 千克，甘肃省青稞市场价格在 3.4~4.0 元 / 千克，四川省青稞市场价格在 3.5~4.5 元 / 千克，云南省青稞市场价格在 3.6~4.2 元 / 千克。

第三节　禾谷类杂粮流通与渠道

一、禾谷类杂粮流通模式

流通可以为生产者合理安排生产提供重要信息，从而保持产业的稳定健康发展。谷子、高粱、青稞市场流通的参与者包括生产者、中间商、加工经营者、消费者等，顺畅的谷子、高粱、青稞流通环节，可以大大提高流通效率。目前，谷子、高粱、青稞市场主体多元化发展较为迅速，政府、企业、新型经营主体、经纪人等主体参与到其产业发展当中，给谷子、高粱、青稞产业发展带来了新的活力，谷子、高粱、青稞流通渠道也越来越广。从目前谷子、高粱、青稞流通来看，主要通过农户或者商贩集中到加工企业或者加工集散地，加工企业通过商超、专卖店、电商等渠道销售给消费者；另外，集散地谷子、高粱、青稞通过批发，由经销商销售给消费者，通过这些渠道方式实现谷子、高粱、青稞由生产到餐桌。

1. 种植者—消费者

谷子、高粱、青稞种植者将生产出来的粮食经过简单的去杂、筛选、脱壳、包装，通过交换和零售到消费者手中。这种方式多在谷子、高粱、青稞主产区乡镇及村的集贸市场上出现，流通规模小且不集中，是最原始的销售方式。例如，各地区农民自己种植的谷子、食用高粱经过碾皮，初加工成小米和高粱米，到集市进行销售。青稞的原始消费方式有两种，一种是待青稞进入面团至蜡熟期时采摘青麦穗，经蒸煮后脱粒，将青麦仁拿到集市销售；另一种是将成熟的青稞籽粒炒制熟后石磨（水磨）磨成粗面粉，制成糌粑粉到集市进行销售。

2. 种植者—商贩—加工企业—消费者

种植者生产出来的谷子、高粱、青稞，由种植者或商贩转运到谷子、高粱、青稞加工企业，或者是与加工企业签订订单协议，加工企业生产出来的产品经过超市、零售店、专卖店、电子商务等渠道销售到消费者手中。这种模式是最常见的流通形式。例如，黄骅市高粱贸易商，通过订单种植或商贩送粮收购高粱，经过加工销售到南方各地酒厂。青稞基本消费方式大致分为两种：① 种植户直接将生产的原粮卖给商贩，商贩再将收购的原粮售卖给酿酒企业、食品加工企业、饲料加工企业，经过加工后售卖给消费者；② 合作社、新型经营体和大型国营青稞生产企业与酒厂（如青海天佑德青稞酒厂）、加工企业（如安徽燕之坊、青海新丁香粮油等）等签订订单，稳定提供加工原料，经加工成青稞酒、青稞米、青稞饼干、青稞面条等入驻到超市、批发市场和全国各地经销商处进行销售。

3. 主产区—集散地—批发市场—经销商—消费者

流动粮贩是我国谷子、高粱、青稞市场流通主要参与者，粮贩主要负责将谷子、高粱、青稞主产区农民种植的谷子、高粱、青稞进行集中收购，运输到加工集散基地，经集散地进行初加工，后经不同的包装运到全国各地的批发市场或零售店，通过逐层运输和流通，最终到消费者手中。目前全国已经形成数量众多的谷子、高粱、青稞加工集散地，如辽宁省建平县朱禄科镇，山东省冠县，河北省石家庄藁城马庄小米集散地、沧州孟村小米集散地、张家口蔚县吉家庄谷子中转站、邯郸曲周小米加工集散地、沧州黄骅高粱贸易集散中心，青藏高原农副产品集散中心等。区域性谷子、高粱、青稞批发和贸易市场，在一定程度上起到了平衡地区供需的作用。但是流通中间环节多，一定程度上增加交易成本，经销商也会根据市场行情采取投机行为，对谷子、高粱、青稞市场稳定健康发展构成隐患。

调研发现，国内甘肃省、陕西省谷子主要运输到山东省、河北省进行加工，内蒙古自治区、辽宁省、吉林省的谷子主要运输到河北省、河南省、山东省、山西省进行加工，然后包装，大部分经河南郑州最大的批发市场进入南方等地区。小米包装销售存在两类市场：一类谷子（好品种）以当地为主；二类谷子（混合品种）主要销往郑州粮食交易中心，运往全国各地。

4. 订单式农业生产，合作联盟不断完善

订单式农业的发展，使谷子、高粱、青稞流通渠道呈现多元化。政府制定谷子、高粱、青稞产业发展政策，企业根据需要，经营主体标准化生产，形成利益共同体，布局全产业链发展。目前，谷子、高粱、青稞企业生产能力相对较小，但正走向正规化。山西汾都香种业科技有限公司，通过专用品种、基地建设、小

米加工、市场销售，形成了订单农业发展模式，年发展订单谷子 10 万亩以上，年销售额近 4 亿元。青稞作为种子用量占到青稞总产量的 10%，粮用占总产量的 13%，酿造和加工占总量的 60%，饲料占 17%，这就决定了青稞进行订单式生产的 2 个主要属性（粮用和饲用均为种植户自产自销）。一是通过与科研单位、种子生产企业签订合作协议，生产良种，进而销售给青藏高原区域内青稞种植户；二是大型种植户与酿酒企业、食品加工企业签订订单，以高于当年原粮收购价的 2% 收购加工原料，进行青稞酒、工业化糌粑粉、青稞食品、青稞谷物饮料、青稞保健品等的生产，进而通过大型超市、国内各经销商门店、青稞特色产品专卖店、电商平台等进行销售。

5. 谷子、高粱、青稞电商平台发展迅速

随着互联网的不断发展，谷子、高粱、青稞在电商销售也呈爆发式增长，尤其是谷子，网上交易可以减少中间环节，实现产地直发，减少交易成本，打造地方特色。在"1 号店"可以搜索到包括东方亮、十膳九米、黑土小镇等 50 余个品牌的包装小米，价格在 15~30 元 / 千克。在淘宝上，可以搜到谷子、高粱、青稞的加工品，如沁州黄小米、延安小米、米脂小米、朝阳小米、蒙山小米、广灵小米、乾安黄小米、东山小米、南和金米、敖汉旗小米、金乡金谷小米、龙山小米等地方特色小米。据不完全统计，截止到 2022 年 6 月，在阿里平台上，经营谷子、高粱、青稞的店铺数量在 6 000 家以上，张家口北宗黄酒酿造有限公司也正在打造集"工厂 + 实体店 + 智慧旅游 + 互联网电商"为一体平台，给顾客提供最方便的购物平台。青稞酒、青藏高原有机黑青稞等，已打造"实体店 + 互联网 + 电子商务"为一体的平台，给消费者购买和消费青稞产品提供了便利条件。

二、谷子的市场流通

谷子产区主要在北方、销售遍布全国，流通以"主产区 + 集散地 + 批发市场 + 零售店"模式为主，约占总流通量的 60%。其他流通模式还包括"农户 + 粮食收购商 + 加工企业"（约占 15%）、"农户 + 种植基地 + 加工企业"（约占 10%）、"农户 + 合作社十加工企业"（约占 10%）、"种植大户（合作社）+ 自主销售"（约占 5%）等。

三、高粱的市场流通

四川、贵州等优质白酒产区对酿造高粱需求旺盛，西南地区种植高粱不能满足当地需求，呈现北方种植、南方消费的格局。北方气候冷凉，地势平坦，适合全程机械化生产，高粱品质优、成本低，越来越多的南方酒厂开始在北方建立原料基地。流通模式多样，东北及内蒙古东部地区主要以"农户＋贸易商＋酒企"经营模式为主，约占50%；"新型经营主体＋贸易商＋酒企"模式主要在地势平坦的东北、华北等地区，约占30%；"品种＋基地＋酒企"模式主要存在于茅台、五粮液、泸州老窖等知名酒企，约占15%。进口高粱流通模式主要是"港口＋贸易商＋企业"。

四、青稞的市场流通

青稞的市场流通区域集中、以区域内流通为主。青稞主要在青藏高原地区种植并主要由藏族群众消费，其供需也大多发生在该地区；国内生产、国内消费，没有对外贸易，供需关系完全取决于地区内青稞产量。流通主要在青藏高原各青稞产区之间进行，以调剂各产区供求余缺。流通模式多样，"农户＋市场"是最普遍、占市场份额最大的流通模式，在西藏、四川、青海分别约占产量的50%、85%、30%；其他流通模式，包括"农户＋中间商（零售商或批发商）＋市场"（在西藏、四川分别约占30%、10%）、"农户＋种植基地＋加工企业"（在西藏、青海分别约占10%、20%）、"农户＋合作社＋加工企业"（在西藏、青海、四川分别约占5%）。

第三章　禾谷类杂粮优质专用新品种及配套技术

第一节　谷子优质专用新品种及配套栽培技术

一、优质专用品种

国家重点研发专项"禾谷类杂粮提质增效品种筛选及配套栽培技术"开展了加工专用和优质食用谷子高产高效品种筛选，筛选出 16 个优质、专用谷子品种，其中适宜不同生态区、适合加工的谷子品种 8 个，适宜不同生态区的优质高产品种 8 个。

1. 加工专用谷子品种

筛选出适合加工的谷子品种 8 个，包括高油酸品种冀谷 48（19HQ72）和冀谷 49（19HQ80），高冻融稳定性品种嫩选 18、冀谷 168，高直支比品种赤谷 6、赤谷 17 和晋谷 51。

冀谷 48：河北省农林科学院谷子研究所培育的抗拿捕净除草剂谷子新品种，具有高油酸和食品加工专用特点。熟期中熟，生育期 90 天。平均株高 128 厘米，平均穗长 23.6 厘米。春播生育期 113~126 天。穗圆筒形，穗密度中等；单穗重 19.8 克，穗粒重 16.6 克，千粒重 2.7 克，籽粒黄色，小米中等黄色，胚乳粳型。油酸含量 28.3%，亚油比 1.88，油酸含量较冀谷 39（油酸 11.7%；亚油比 5.6）提高了 1.42 倍，亚油比降低了 66.4%。粗蛋白含量 9.4%，粗脂肪含量 2.5%，总淀粉含量 65.7%，赖氨酸 0.22%。中感谷瘟病，感谷锈病，抗白发病。2020 年通过农业农村部主要农作物品种登记，登记编号为 GPD 谷子（2022）130021。

该品种第一生长周期亩产 311.7 千克, 比对照豫谷 18 增产 5.84%; 第二生长周期亩产 279.6 千克, 比对照豫谷 18 增产 3.29%。

冀谷 48 适宜在河北中南部、山东、河南、辽宁南部、天津夏播或晚春播, 在山西、陕西、河北东北部、内蒙古、辽宁中西部、黑龙江第一和第二积温带、吉林等 ≥ 10℃活动积温 2 650℃以上地区春播种植 (图 3-1)。

图 3-1　冀谷 48

冀谷 49: 河北省农林科学院谷子研究所以冀谷 39 为母本, 以高油酸谷子资源材料 "14652" 为父本, 采用有性杂交方法, 定向选择育成的国内首批高油酸加工专用谷子品种, 油酸含量 27.5%, 亚油比 1.95, 与母本冀谷 39 相比, 其油酸含量提高了 1.35 倍, 亚油比降低了 65.2%, 加工食品保质期延长, 加工食品保质期延长, 同时抗拿捕净除草剂, 适合轻简化生产。2022 年通过农业农村部主要农作物品种登记, 登记编号为 GDP 谷子 (2022) 130022。

该品种黄谷黄米, 夏播生育期 90 天, 春播生育期 113~124 天, 平均株高 123 厘米, 平均穗长 23.7 厘米, 单穗重 18.9 克, 单穗粒重 15.9 克, 出谷率 84.1%, 千粒重 2.6 克。2019—2020 年参加多点适应性鉴定, 在 4 个生态区 68

点次平均亩产286.9千克，较对照豫谷18增产1.90%。

冀谷49适宜在河北中南部、山东、河南、辽宁南部、天津夏播或晚春播，山西、陕西、河北东北部、内蒙古、辽宁中西部、黑龙江第一和第二积温带、吉林等≥10℃，活动积温2 650℃以上地区春播种植（图3-2）。

图3-2　冀谷49

冀谷168：河北省农林科学院谷子研究所采用专利技术通过有性杂交方法育成的非转基因优质抗除草剂谷子新品种，适口性好，2019年在全国第十三届优质食用米评选中评为一级优质米。2020年参加国家谷子高粱产业技术体系高值品种筛选试验，在东北4个代表性区域18个品种中，品质综合分值居前3位。冀谷168淀粉直支比0.28，淀粉析水率25.5%，加工主食低温冷冻不开裂，属于高冻融稳定性品种，适合主食加工。冀谷168抗拿捕净除草剂，能够实现化学间苗除草，适宜轻简化、规模化生产。2020年被指定为"藁城宫米"区域公用品牌专用品种。2020年通过农业农村部非主要农作物品种登记，登记编号GPD谷子（2020）130039。

该品种幼苗叶鞘绿色，在华北两作制地区夏播生育期89天，春播生育期

110~124 天，幼苗绿色，平均株高 120 厘米，穗长 22 厘米，千粒重 2.8 克，黄谷鲜黄米。1 级耐旱，抗倒伏，中抗谷锈病、谷瘟病、纹枯病，白发病发病率 2.1%，熟相较好。

2020 年在全国 56 个试点适应性鉴定，98% 以上试点能成熟，87% 试点抽穗期不晚于广适性代表品种豫谷 18；82% 试点产量高于豫谷 18。其中在宁夏西吉、新疆奇台和伊犁、甘肃张掖 4 个试点亩产超 500 千克，最高亩产 608.08 千克。

冀谷 168 适宜河南、河北、山东夏谷区春夏播种植，山西、内蒙古、吉林无霜期 160 天、年有效积温 2 700℃以上地区春谷区种植（图 3-3）。

图 3-3　冀谷 168

嫩选 18：适宜西北早熟区、西北中晚熟区和东北区。以地方品种"吉 8132"经辐射后诱变选育而成。该品种是粮用常规品种，不抗除草剂。晚熟，生育期 122 天。幼苗叶鞘浅紫色，幼苗叶姿平展；单秆；花药白色，刚毛黄色，刚毛长度中等；平均株高 152.75 厘米，平均穗长 26.2 厘米；穗纺锤形，穗密度中到密；单穗重 30.62 克，穗粒重 24.5 克；千粒重 3.28 克，籽粒黄色，小米中等黄色，胚乳粳型。

春谷类型，抗倒伏能力较强，生育期偏晚，产量高，由于该品种对光温反应较为敏感，纬度差异较大地区引种需谨慎，不抗除草剂，田间化学除草使用除草剂需谨慎（图 3-4）。

图 3-4　嫩选 18

赤谷 6：赤峰市农牧科学研究所以早熟品种赤谷 3 号作母本、以中熟品种昭谷 1 号作父本，经有性杂交用系谱法选育而成，1992 年通过内蒙古自治区农作物品种审定委员会审定定名，1994 年被评为国家优质米。该品种绿苗、绿秆，叶片绿色狭长，株高 125.8 厘米，短纺锤穗型，码松紧适中，短刺毛，穗长 18.8 厘米，单穗粒重 12 克，秕谷少，出谷率在 85% 以上，千粒重 3.0 克，黄谷、黄米。株型紧凑、健壮，抗白发病、粟瘟病、黑穗病，活秧熟，适应性强，对光照反应迟钝（图 3-5）。

赤谷 17：赤峰市农牧科学研究所以承谷 8 号为母本，赤谷 4 号为父本进行有性杂交，对后代以穗紧实、熟期早、抗逆性强、熟相好为目标，按系谱法进行定向选育而成。于 2013 年 1 月通过国家谷子品种鉴定，鉴定编号为国品鉴谷 2013012。

该品种春播生育期 112 天，株高 144.8 厘米，穗重 21.8 克，穗粒重 16.5

图3-5　赤谷6

图3-6　赤谷17

克，千粒重 3.2 克，黄谷黄米，出谷率 75.7%。粗蛋白含量 12.60%，粗脂肪含量 3.8%，粗淀粉含量 70.5%，胶稠度 113 毫米，碱消指数 2.3 级。抗黑穗病、抗白发病、抗谷锈病。平均亩产量 343.6 千克，较对照九谷 11 增产 6.21%。适宜西北早熟区、西北中晚熟区和东北区；在内蒙古赤峰市 2 450~2 550℃积温区的旱地种植（图3-6）。

晋谷 51（太选 8 号）：适宜华北区、西北早熟区和西北中晚熟区，是以晋谷 30 号作母本，品谷 2 号作父本，经有性杂交选育而成的谷子新品种。2010 年通过山西省谷子新品种认定，2011 年通过国家谷子新品种鉴定，鉴定编号为国品鉴谷 2011004，2017 年完成谷子新品种登记，登记编号为 GPD 谷子（2017）140016。

该品种高产、稳产、优质、耐旱、抗倒、抗病、绿叶成熟、适应性广。2010 年参加国家生产试验，增产点率 100%。经农业农村部谷物品质测试中心分析，小米蛋白质含量 11.55%，脂肪含量 3.81%，维生素 B_1 0.52 毫克 /100 克，直链淀粉 18.13%，胶稠度 135 毫米，糊化温度 3.2℃。其中小米品质中最关键的直链淀粉、胶稠度、糊化温度三项适口性品质指标均达到国家优质米标准。

该品种耐旱抗倒、不秃尖、茎秆粗壮，高抗红叶病、黑穗病、白发病，后期不早衰，绿叶成熟。适合我国北方无霜期 150 天以上春谷区种植（图 3-7）。

图 3-7　晋谷 51

2. 优质高产谷子品种

筛选出优质高产品种 8 个，包括夏谷区 2 个（豫谷 18、冀谷 42），西北早熟区 2 个（晋汾 107、晋谷 40），西北中晚熟区 2 个（张杂谷 10、张杂谷 13），东北区 2 个（龙谷 25、嫩选 18）。

豫谷 18：安阳市农业科学院选育的优质高产广适谷子新品种，绿苗黄米，在全国第八届优质食用粟鉴评会上，被评为国家一级优质米，2012—2016 年分别通过了国家四大区域鉴定，被业界誉为"谷子中的郑单 958"。

豫谷 18 参加华北夏谷区试，生育期 88 天，区试和生产试验亩产分别为 359.91 千克、339.38 千克，较冀谷 19 增产 14.88%、17.32%，均居参试品种第一位，增产点率 100%。参加东北春谷区试，生育期 120 天，株高 125.08 厘米，区试和生产试验亩产分别为 363.7 千克、380.7 千克，较九谷 11 增产 4.35%、5.61%，居参试品种第 4 位，适应度分别为 90%、100%。参加西北中晚熟组区试，生育期 122 天，株高 120.7 天，区试和生产试验亩产分别为 331.2 千克、337.6 千克，比对照长农 35 增产 12.25%、14.47%，均居参试品种第一位，适应度分别为 90%、100%。参加西北早熟组区试，生育期 125 天，株高 106.9 厘米，区试亩产 378.8 千克（除宁夏固原、甘肃兰州试点外），较大同 29 减产 3%，生产试验亩产 374.2 千克，较对照大同 29 减产 1.78%（图 3-8）。

图 3-8　豫谷 18

冀谷 42：河北省农林科学院谷子研究所采用专利技术通过有性杂交方法育成的非转基因优质、抗拿捕净除草剂谷子新品种，该品种克服了夏谷米色浅的不足，商品性与适口性均突出，2017 年在全国第十二届优质米评选中评为一级优质米。同时具有低脂肪、高油酸适合食品加工的特点，其脂肪含量 2.03%，亚油酸与油酸比值 3.7，比一般品种降低 32.7%；冀谷 42 小米不容易氧化变质，耐储藏，适合食品加工。登记编号为 GPD 谷子（2018）130044。

2018 年参加全国农业技术推广服务中心组织的登记品种展示，河北石家庄试点亩产 395.9 千克，山西晋中试点平均亩产 446.8 千克。

冀谷 42 在冀鲁豫夏谷区适宜播期 6 月 15 日至 7 月 5 日，最晚 7 月 10 日播种仍能成熟；冀中南太行山区、冀东燕山地区、北京、豫西及山东丘陵山区、辽宁南部春谷区种植适宜播期 5 月 10 日至 6 月 10 日；在辽宁西部和吉林春播适

图 3-9 冀谷 42

宜播期 4 月 25 日至 5 月 10 日，亩播种量 0.4~0.6 千克，在正确使用配套除草剂的情况下，不需要人工间苗。该品种有较强的自身调节能力，每亩留苗 4 万株左右。在谷子 3~5 叶期，杂草 2~4 叶期，每亩使用与谷种配套的谷阔清 40~50 毫升混配 12.5% 烯禾啶 80~100 毫升，兑水 30~40 千克，杀灭双子叶及单子叶杂草。

冀谷 42 适宜河北、河南、山东、新疆泽普夏播，以及辽宁、吉林、内蒙古、山西、陕西、黑龙江肇源、新疆昌吉、博乐年无霜期 160 天以上、年有效积温 2 800℃以上地区春播种植（图 3-9）。

晋汾 107：山西农业大学经济作物研究所以衡谷 9 号为母本，晋谷 21 号为父本杂交选育而成，国家登记编号为 GPD 谷子（2020）140087。2021 年被选为山西省主推谷子品种。

该品种生育期 121 天。幼苗叶鞘绿色，幼苗叶姿半上冲；平均株高 153 厘米，平均穗长 24.1 厘米。单穗重 25.9 克，穗粒重 20.9 克；千粒重 3.22 克，籽粒白色。小米含粗蛋白 12.1%，粗脂肪 3.80%，总淀粉含量为 82.17%，直链淀粉 17.83%，含有 17 种氨基酸，其中赖氨酸含量为 0.2%。2019 年经北京市营养源研究所检测，含维生素 E 3.71 毫克 /100 克，维生素 B_1 0.427 毫克 /100 克，叶酸 33.8 微克 /100 克，硒 0.11 毫克 / 千克，β 胡萝卜素 9.77 微克 /100 克。2107 年在全国第十二届优质食用粟评选中被评为一级优质米。

2017—2018 年参加全国联合鉴定试验平均亩产 363.2 千克，两年 15 点次试验 13 点次增产，增产点率为 86.7%，较对照长农 35 增产 12.48%。适宜在西北春谷中晚熟区山西长治、晋中、吕梁，陕西延安、杨凌，辽宁朝阳无霜期 150 天以上地区种植（图 3-10）。

图 3-10　晋汾 107

晋谷 40：山西农业大学经济作物研究所以自育优质糯谷品种 87-151 × 晋谷 21 号通过化学杀雄技术配制杂交组合，2004—2005 年参加山西省区试，2006年通过山西认定，登记编号为 GPD 谷子（2017）140010。该品种是粮用常规品种。生育期 120 天左右，幼苗绿色，单秆不分蘖，主茎高 144.8 厘米，主穗平均穗长 21.3 厘米，穗为纺锤形，穗粗 4.8 厘米，单株平均粒重 16.9 克，出谷率 80.3%，白谷黄米，米粒整齐，商品性好，耐旱，成熟期保绿性能好。粗蛋白 11.97%，粗脂肪 5.69%，直链淀粉 17.14%，可溶性糖 3.09%，胶稠度129 毫米，碱硝指数 3.4，赖氨酸 0.24%，含钙 158.4 毫克 / 千克，铁 44.51 毫克 / 千克，锌 44.51 毫克 / 千克，硒 59 微克 / 千克，抗谷瘟病，高抗谷锈病，感白发病，抗虫性中等。在山西柳林、汾阳、石楼、寿阳、襄垣、武乡等地亩产 250~380 千克，2007 年在寿阳 1.2 万亩平均亩产 420 千克，在襄垣县李坡村和李树岩村创下亩产 435 千克的高产纪录。适宜在山西省谷子中晚熟区种植。注意轮作倒茬，防重茬，预防病虫害发生，中抗感白发病，播种前用种子量0.3%~0.5% 的 35% 甲霜灵拌种防治白发病。后期防鸟害，成熟期及时收获，注意混杂，影响商品性（图 3-11）。

图 3-11　晋谷 40 号

　　张杂谷 10 号：张家口市农科院采用谷子光（温）敏两系法选育成功的谷子两系杂交种，亲本组合为 A2×2038。2009 年在全国第八届优质食用粟评选中评为一级优质米。2009 年通过全国农技推广服务中心鉴定。生育期 132 天，株高 110.9 厘米，穗长 23.9 厘米，穗重 40.8 克，穗粒重 30.25 克，出谷率 74.14%，千粒重 3.0 克。穗呈棍棒形，松紧适中，黄谷黄米。综合性状表现良好，适应性强，稳产性好，抗病抗倒，抗除草剂，熟相好，米质优良。2007—2008 年参加国家谷子品种西北区早熟组区域试验，两年试验平均亩产 448.9 千克，平均比对照增产 17.21%。2008 年参加国家谷子品种西北区早熟组生产试验，平均亩产 427.9 千克，平均比对照增产 17.68%。示范田一般亩产 600 千克，最高亩产 800 千克。

　　该品种生产注意事项如下。整地，亩施农家肥 2 500~3 000 千克作基肥，二铵 15 千克。播期，暖区和较暖区 5 月上中旬播种，较冷凉区 4 月底至 5 月初。播量，每亩 0.75 千克。留苗密度，间黄苗（也可在幼苗 3 叶期喷专用除草剂去除，剂量 100 毫升 / 亩），留绿苗。根据地力，一般亩留苗 1.0 万 ~1.5 万株。追肥，亩施尿素 30 千克，其中拔节期 15 千克，抽穗前 15 千克。

　　河北省、山西省、陕西省、甘肃省的北部、内蒙古、辽宁省、黑龙江省等省（区）≥ 10℃积温 2 800℃以上的地区春播（图 3-12）。

图 3-12 张杂谷 10 号

张杂谷 13 号：张家口市农业科学院采用光温敏两系法选育成功的抗除草剂谷子杂交种，亲本组合为 A2 × 改良黄五。绿苗绿鞘，生育期 113~116 天，单株有效分蘖 4~5 个，茎高 128 厘米，穗长 35.5 厘米，穗粗 3.8 厘米，棍棒穗形。单株粒重 70~100 克，千粒重 3.5 克，出谷率 82.0%，白谷黄米，米质优良。其表现为抗旱、抗病、抗倒、适应性强，适应面广、高产稳产、米质优适口性好。

2015 年国家区域试验平均亩产为 404.6 千克，较对照大同 29 号增产 5.61%，居参试品种第二位。8 个试点 5 个增产，增产点率为 62.5%，增产幅度在 0.90%~20.2%；3 点减产，减产幅度为 8.42%~19.58%；变异系数为 40.24%。2016 年国家区域试验平均亩产为 452.3 千克，较对照大同 29 号增产 10.07%，居参试品种第一位。8 个试点 5 个增产，增产点率为 62.5%，增产幅度在 5.91%~44.21%；3 个减产，减产幅度为 3.82%~22.32%；变异系数为 20.83%。示范田一般亩产 400~600 千克，最高可达 760 千克。

5 月上中旬播种，亩播量 0.75 千克。整地时亩施磷酸二铵 15 千克和圈肥 2 000~3 000 千克。

田间管理方式如下。① 绿苗为真杂交种，间苗时要去掉黄苗（也可在幼苗3 叶期喷专用除草剂去除，剂量 100 毫升 / 亩）。② 预防虫害，出苗后喷施杀虫农药预防苗期害虫。③ 留苗密度，中上等地 1.5 万株 / 亩，下等地 1 万株 / 亩。④ 追肥，亩施尿素 40 千克，其中，拔节期 20 千克，抽穗前 20 千克。

河北中北部、山西、陕西、甘肃、内蒙古、宁夏、东北部分地区等省（区）北部≥ 10℃积温 2 700℃以上地区均可春播种植（图 3-13）。

图 3-13　张杂谷 13 号

龙谷 25：黑龙江省农业科学院作物育种研究所以哈尔年 5 号为母本，龙谷 23 为父本，经有性杂交、多代选育而成。1986 年通过黑龙江省农作物品种审定委员会审定，同年在全国优质米鉴评会上被评为一级优质米。2018 年完成登记，登记编号为 GPD 谷子（2018）230075。该品种主茎长 145~150 厘米；穗长 13~14 厘米，穗粒重 11~12 克，千粒重 3.2 克，籽粒黄色，米金黄色，出米率 80%。籽粒粗蛋白含量 12.49%，粗脂肪 4.17%，硒含量 0.049 毫克 / 千克。苗生长势强，生育期 117 天，属中熟品种。1984—1985 年生产试验平均亩产 159.2

千克。适于黑龙江省第一和第二积温带地区种植。

二、配套高效栽培技术

1. 华北夏谷区

（1）化肥减施稳产技术

通过减少化肥用量，增施有机肥，叶面喷施微肥，实现减少化肥的用量，提高谷子品质，保障单产不降低，甚至可以提高单产。2021年河北省出台地方标准《夏播谷子化肥减施稳产技术规程》（DB 13/T 5451-2021）。

（2）太阳能绿色杀虫灯

谷田采用的太阳能杀虫灯一般是电击式杀虫灯，它是利用（365+50）纳米波长紫外光对害虫具有较强的趋光性、趋波性、趋色性的特性，引诱害虫使害虫靠近诱虫灯，灯管四周是高压电网，当害虫靠近或者碰触上高压电网，瞬间就会被电击而死。可以防治各种螟虫、食心虫、豆天蛾、钻心虫、夜蛾类害虫。每盏灯可防控20~30亩谷田，使用寿命3~5年，一般平均放置于谷田中即可（图3-14）。

图3-14　太阳能绿色杀虫剂

（3）"一喷多用"防控技术

在谷子不同生长期及时预防病虫草害，采用适宜的绿色农药防治玉米螟、粟灰螟、粟芒蝇、蚜虫、飞虱等，兼治蟋蟀、土蝗、叶蝉等虫害，防治病毒病、谷瘟病、锈病等病害，防治杂草。注意：药现用现配，酸性农药不能与碱性农药混用，同时可以结合微量元素、微肥（叶面营养）一次性喷施，实现"一喷多用"生产技术（图3-15）。

（4）全程机械化生产技术

选择适宜的优质专用品种，在预先整好土地上选择适宜的播种机（可种肥同播）播种，选择高地隙喷药机（大面

图3-15 "一喷多用"防控技术

积可采用无人机）进行病虫草害防治，适宜的时期采用中耕机（可结合施肥）进行中耕，收获采用全喂入谷物联合收割机。秸秆回收选用方形或圆形秸秆打捆机械，将谷子秸秆打捆回收（图3-16）。

图3-16 全程机械化生产技术

（5）谷子绿色高效生产技术

选择适宜的优质专用品种，每亩以有机肥200千克做底肥，亩施用复合肥30千克，全生育期不灌溉，旱作雨养，采用符合绿色生产标准的拿捕净除草剂

除草、生物农药春雷霉素防治谷瘟病、太阳能杀虫灯防治虫害，生产过程全部符合绿色生产标准，采用精量免间苗播种、联合收获等全程机械化生产。同时平原地区采用谷子贴茬免耕播种机或者谷子清垄播种机，配置北斗导航拖拉机作动力，实现播种质量突出，垄沟垄苗整齐，提高播种机效率。采用绿色高效技术的谷子示范田平均亩产 382.2 千克，较对照当地传统田间管理增产 45.71 千克，增产率为 13.58%，按照当前优质谷子价格 6.0 元 / 千克计算，较对照亩增收 274.3 元。

（6）谷子全产业链绿色生产技术模式

本技术模式适用于华北谷子生产区，也适于与华北生态类型相同的区域。本技术模式主要技术来源：河北省农林科学院谷子研究所自主研发集成的《绿色食品谷子生产技术规程》《谷子简化栽培技术规程》《谷子农机农艺结合生产技术规程》《绿色食品 粟米生产加工技术规程》，以及目前正在研发的谷子—绿肥生产技术、谷子化肥减施增效生产技术、谷子保水剂生产技术等阶段性成果。本技术主要包括产地与生产条件、投入品使用原则、栽培管理、加工工艺及质量追溯体系等环节（图 3-17）。

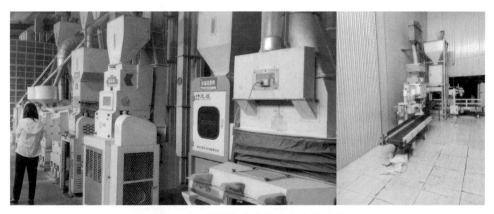

图 3-17　谷子全产业链绿色生产技术

2. 东北春谷区

（1）谷子机械化栽培技术

通过开展谷子精量播种机、化学除草、病虫害防治、机械收获等技术研究及示范，建立了以产地环境、选地和整地、施肥、品种选择和种子处理、播种、田间管理、病虫害防治、收获等技术要求的生产档案，形成东北春谷区谷子绿色高效生产技术集成（图3-18），编制黑龙江省地方标准《谷子机械化栽培技术规程》（DB23/T 3116-2022）。

图3-18　谷子机械化栽培技术

（2）谷子轻简化栽培技术

通过选用抗除草剂谷子品种，配套精量播种、化学除草、病虫害防治、机械收获等农机农艺相结合的栽培模式，形成了以产地环境、播前准备、播种、化学除草、施肥、病虫害防治、机械收获等阶段的生产技术，描述了生产记录与档案等追溯方法（图3-19）。发布了《谷子轻简化栽培技术规程》（DB22/T 3337-2022）。

图3-19　谷子轻简化栽培技术

3.西北春谷早熟区

（1）谷子浅埋滴灌栽培技术

谷子浅埋滴灌栽培技术是谷子浅埋滴灌生产的滴灌系统设备配置、播前准备、播种、滴灌带铺设、田间管理、病虫草害防治、收获及滴灌带回收等技术措施的集成，该技术适用于内蒙古自治区 ≥ 10℃活动积温 2 600℃以上地区春季谷子种植（图 3-20）。

图 3-20 谷子浅埋滴灌栽培技术

（2）抗烯禾啶谷子品种简化栽培技术

抗烯禾啶谷子品种简化栽培技术是选用指定抗烯禾啶谷子品种，在选地、播前准备、播种、化学除草及防虫、田间管理、病虫害防治、收获与贮藏等方面进行了技术优化，并集成该技术，该技术适用于内蒙古自治区抗烯禾啶谷子品种简化栽培生产（图 3-21）。

图 3-21　抗烯禾啶谷子品种简化栽培技术

（3）谷子清种全程机械化种植技术

谷子清种全程机械化种植技术是谷子清种从选地、播种、施肥、病虫害防治到收获应用整个机械化作业的全生产过程。播种采用种子、肥料同播复式播种机，实现种子和肥料不同位置一次完成的作业方式。该技术适用于春谷种植区的谷子清种农机一体化栽培。

4. 西北春谷中晚熟区丘陵旱地谷子全膜覆盖垄沟精播技术

针对丘陵旱地谷子存在气候干旱、播种时土壤墒情差，间苗、除草用工大等问题。通过谷子全膜覆盖垄沟精播技术，覆膜、播种、镇压一次完成，播种效率高；全膜覆盖、精量穴播，实现了免间苗或少间苗，减少了田间草害；播前精细整地，蓄水保墒，抢墒播种，保证了谷子的正常成熟。实现了丘陵旱地谷子生产农机农艺融合、良种良法配套、生产生态协调（图 3-22）。

图 3-22　全膜覆盖垄沟精播技术

5. 南方春夏谷生态区

（1）贵州山地谷子覆膜直播栽培技术

深耕整地，清除秸秆，开挖排水沟，施足基肥条施于垄底。用起垄机起垄，全生物降解地膜覆盖，覆膜垄体顶部按行株距为（40~50）厘米 ×（20~25）厘米打孔，孔径 4~5 厘米，孔深 3~5 厘米，播种时播于孔中心，播种 10~15 粒/穴，用细土粒封口，地膜全生育期覆盖，及时将穴和沟中杂草清除，于幼苗期和拔节分 2 次施追肥 5 千克/亩，成熟及时收割（图 3-23）。

图 3-23　谷子覆膜直播栽培技术

（2）覆膜育苗移栽栽培技术

深耕整地，清除秸秆。用起垄机起垄，覆膜垄体顶部按行株距为（40~50）厘米×（20~25）厘米打孔，孔径 4~5 厘米，孔深 8~10 厘米，移栽苗 5~6 株/穴，淋施足定根水，地膜全生育期覆盖，及时将穴和沟中杂草清除，于幼苗期和拔节分两次施追肥 5 千克/亩，成熟及时收割（图 3-24）。

图 3-24　覆膜育苗移栽栽培技术

6. 张杂谷绿色高效栽培技术

张杂谷绿色高效栽培技术集成了机械精量穴播、覆膜节水、化控除草、无人机飞防及机械化收获等单项技术，该技术的采用大幅提升生产效率。无人机飞防将谷子打药成本从每亩 20~30 元降低到 5 元左右。经专家测产，张杂谷 19 号产量 535 千克/亩，比无膜对照增产 11.3%。按照同等降水条件，其水分利用效率提高 11.3% 以上。同时，肥料中氮元素施量减少 13.4%（图 3-25）。

图 3-25　张杂谷绿色高效栽培技术

第二节　高粱优质专用新品种及配套栽培技术

一、优质专用品种

本项目开展了东北、西北、华北、西南四个区域的晚熟区、早熟区、夏播区和南方区品种筛选试验研究，对品种产量、农艺性状、品质性状进行综合评价。

1. 优质酿造高粱品种

筛选出优质酿造品种 8 个（不同组别重复出现品种视为 1 个），初步确定了不同酿造高粱产区的适宜品种。其中，辽粘 3 号、凤杂 50、辽糯 11 适宜晚熟区，凤杂 32、吉杂 224、辽糯 11 适宜早熟区，辽糯 11、吉杂 224、川糯粱 1 号适宜夏播区，川糯粱 5 号、宜糯红 7 号、辽糯 11 适宜南方区。

2. 饲用高粱品种

通过东北、西北、华北三个区域开展的晚熟区、早熟区、夏播区和南方区品种筛选试验研究，对品种产量、农艺性状、品质性状进行综合评价，筛选出 9 个品种，其中包括 5 个粒用高粱品种和 4 个甜高粱品种（表 3-1、表 3-2 和表 3-3）。

表 3-1　适宜不同生态区的高粱品种

生态区	类型	数量 / 种	重点品种
春播早熟区	粒用高粱	2	吉饲粱 102、辽杂 52
	甜高粱	2	辽甜 24、辽甜 25
春播晚熟区	粒用高粱	2	锦杂 110、辽杂 52
	甜高粱	1	辽甜 27
夏播区	粒用高粱	2	济粱 1、辽糯 15
	甜高粱	2	晋甜杂 5、辽甜 25

表 3-2　适宜不同生态区的饲用粒用高粱营养成分及产量指标

区域	品种	总淀粉 /%	粗蛋白 /%	粗脂肪 /%	总单宁 /%	直链淀粉 /%	亩产 / 千克
春播早熟区	辽杂 52	70.23	8.67	3.34	0.22	22.25	586.05
	吉饲粱 102	70.01	8.64	3.09	0.23	21.07	656.35
春播晚熟区	锦杂 110	65.37	10.19	2.89	0.18	21.91	493.70
	辽杂 52	67.07	9.67	3.21	0.23	14.62	493.15
夏播区	济粱 1	62.77	12.04	2.90	0.25	16.04	366.80
	辽糯 15	64.89	11.18	3.37	0.21	1.87	353.80

表 3-3　适宜不同生态区的甜高粱营养成分及产量指标

区域	品种	糖锤度 /%	粗蛋白 /%	酸洗纤维 /%	中洗纤维 /%	木质素 /%	亩产 / 千克
春播早熟区	辽甜 24	15.35	7.64	32.67	52.52	5.32	6 310.50
	辽甜 25	16.73	7.74	32.50	52.39	5.25	6 302.00
春播晚熟区	辽甜 27	15.03	7.73	28.05	45.28	5.04	5 568.50
夏播区	晋甜杂 5	13.33	9.25	39.94	63.06	6.10	4 755.00
	辽甜 25	14.34	7.73	39.04	60.38	6.30	4 493.00

辽杂 19：国家高粱改良中心于 2004 年通过辽宁省审定，2009 年通过国家鉴定。春播生育期 119~124 天，夏播 100 天，属中早熟高粱杂交种。辽杂 19 号幼苗期叶色深绿，芽鞘绿色，长势中。其成株株高 168~176 厘米。穗长纺锤形，中紧穗，穗长 33.0 厘米，紫黑壳，红粒，籽粒扁圆。穗粒重 80.9 克，千粒重 29.5 克（图 3-26）。粗蛋白含量为 9.7%，赖氨酸含量 0.20%，总淀粉含量 73.81%，单宁含量为 1.27%。抗蚜，对丝黑穗病 3 号小种免疫，无叶病，绿叶成熟。具有综合抗性好，中早熟等特点，是一个增产潜力大的杂交种。一般亩产 600~700 千克，最高亩产 750 千克。栽培技术要点：该杂交种在一般肥力土壤均可种植，春

播一般在 5 月上中旬播种，夏播可在 6 月中旬播种。每亩施农家肥 3 000 千克左右作底肥，磷酸二铵 10 千克作种肥，适当施用钾肥，20 千克尿素作追肥，密度以每亩 7 000~8 000 株为宜，播种时用毒谷防治地下害虫，及时防治黏虫、蚜虫和螟虫。建议在辽宁及山西晋中以南、河北石家庄春播晚熟区种植。

图 3-26　辽杂 19

辽粘 3 号：2007 年通过国家高粱品种鉴定委员会鉴定。生育期 116 天，株高 169.5 厘米，穗长 31.8 厘米，穗粒重 69.6 克，千粒重 24.1 克，褐壳，红粒，中紧穗纺锤形，叶病轻，倒伏 20%；籽粒粗蛋白 8.14%，粗淀粉 78.09%，单宁 1.47%，赖氨酸 0.14%；丝黑穗病自然发病率为 0，2006 年接种发病率 14.3%，2007 年接种发病率 5.6%，两年平均接种发病率 9.95%。2006—2007 年连续两年参加全国高粱品种酿造组区域试验。两年平均亩产 424.1 千克，比对照青壳洋增产 47.5%。2007 年全国生产试验，平均亩产 426.1 千克，比对照青壳洋增产 43.6%。春播晚熟区栽培条件好的情况下，增产潜力大，亩产可达 900 千克。栽培技术要点：适宜播期为 4 月底到 5 月初，每亩施农家肥 3 000 千克作底肥、磷酸二铵 10 千克作种肥，适当施用钾肥，20~25 千克尿素作追肥。密度以每亩 7 000 株为宜。播种时用毒谷防治地下害虫，及时防治黏虫、蚜虫和螟虫。该品种可在春播晚熟区、春夏兼播区以及四川、重庆、贵州、湖南、湖北等南方区适宜地区种植。注意防治穗部害虫。

辽糯 11：2018 年通过国家登记，具有生育期适中，适应性广，农艺性状好，糯性遗传稳定，高产，高抗丝黑穗病 3 号生理小种等特点，是一个高产、优质的酿造型高粱杂交种。2017年在全国10个试验点进行试验示范，综合性状表现较好，特别在河北阜城引进的31个品种当中表现最好，产量排名第一，亩产量达到816.7千克，比对照增产16.9%，在河北省高粱蚜虫发病率最高的地区，辽糯11高抗蚜虫，成熟期青枝绿叶，活秆成熟，无叶病。株高较矮，抗风、抗倒伏，适于全程机械化栽培；柄伸适中，叶片上冲，适于机械化收获，通过试验示范该品种在华北地区表现较好，生育期适中，中散穗形防止了穗部病害的发生，是最具有发展潜力的酿造用机械化高粱品种。该品种生育期116天，株高167.1厘米，穗长31.9厘米，穗粒重64.1克，千粒重26.8克，褐壳红粒，育性89.7%。叶病轻，倾斜率为0.65%，倒折率为0。该品种籽粒粗淀粉含量76.26%，单宁含量1.17%，粗脂肪含量3.28%，支链淀粉含量93.7%。一般亩产582.7千克，最高亩产820千克。

栽培技术要点如下。① 适时播种，10厘米耕层地温稳定在12℃以上，土壤含水量在15%~20%时播种为宜。② 确保全苗：精细播种，播前晒种，能够包衣更好。播种深度掌握覆土镇压后在2厘米左右，播种时用毒谷防治地下害虫。③ 合理密植：该杂交种抗倒性好，较耐密植，适宜种植密度为8 000株/亩。④ 合理施肥：亩施农家肥3 000千克作底肥、磷酸二铵10千克作种肥、25千克尿素作追肥。⑤ 适时收割：在蜡熟末期收割，并抓紧晾晒和及时脱粒，以确保籽粒的优良商品性。该品种在我国的辽宁大部地区及吉林、内蒙古、河北、河南、山东、山西、浙江等适宜地区春播种植。

龙杂19：黑龙江省农业科学院作物所选育品种。株高100厘米，整齐耐密，中紧纺锤形穗；籽粒黑色壳，红褐色粒。籽粒含粗脂肪3.31%，粗淀粉72.81%，单宁1.41%。适宜在黑龙江第三、第四积温带春季种植。

吉杂127：吉林省农业科学院作物研究所选育的新型高粱品种。幼苗叶片绿色，叶鞘绿色。植株株高164厘米，19片叶。果穗中紧穗、纺锤形，穗长26.9厘米。籽粒椭圆形，红壳红粒，千粒重28.9克。2009年农业部农产品质量监督检验测试中心（沈阳）测定，粗蛋白含量8.76%，粗淀粉含量76.52%，单宁含量0.81%，赖氨酸含量0.18%。内蒙古自治区通辽市、赤峰市 ≥ 10℃活动积温2 900℃以上适宜区种植。

晋杂34：山西省农业科学院高粱研究所选育的高粱品种。平均生育期131.0天。幼苗绿色，叶绿色，叶脉白色，平均株高135.4厘米，平均穗长32.2厘米，穗纺锤形，穗形中紧，红壳红粒，籽粒扁圆，平均穗粒重90.5克，平均千粒重 28.3 克。该品种株高较低，穗位较整齐，适宜机械化收获。农业农村部谷物及制品质量监督检验测试中心（哈尔滨）检测，粗蛋白（干基）含量 8.08%，粗脂肪（干基）含量 3.37%，粗淀粉（干基）含量 73.12%，单宁（干基）含量 1.40%。适宜在山西省高粱春播中晚熟区种植。

机糯粱 2 号：四川省农业科学院水稻高粱研究所选育的高粱品种、杂交种、适合酿造。在泸州 3 月中旬播种，7 月下旬成熟，生育期 113 天。芽鞘和幼苗均为绿色。株高 140.88 厘米，总叶片数 19 叶，中部叶长 76.2 厘米，宽 9.54 厘米。穗部纺锤形，中散穗，穗柄直立，穗长 30.73 厘米，穗粒重 60 克，千粒重 21.51 克，红壳红粒，胚乳白色，糯质。总淀粉 71.78%，支链淀粉 97.43%，粗脂肪 4.7%，单宁 0.88%。高抗丝黑穗病，对炭疽病抗性为 1 级，抗蚜虫。适宜在西南丘陵区四川东南部地区春、夏季种植。

机糯粱 2 号的栽培技术要点如下。① 当土壤 10 厘米以下的温度稳定通过 12℃以上时即可播种，川东南在 3 月上旬至 6 月上旬均播种，稀播均播。② 移栽叶龄在 5~6 叶，净种亩植 10 000~12 000 株，间套作亩植 8 000~9 000 株。③ 提倡有机、无机肥相结合，早施重施底肥，早施追肥，亩施纯氮 10~12 千克，多施有机肥，氮磷钾配施。④ 注意防治病虫草害，虫害主要是蚜虫和螟虫，病害主要是炭疽病。选用抗蚜威、吡虫啉、啶虫脒防治蚜虫；选用甲维盐、20% 氯虫苯甲酰胺悬浮剂或 40% 氯虫噻虫嗪水分散粒剂喷雾防治螟虫 1~2 次。炭疽病、纹枯病主要选用春雷霉素、井冈霉素防治。

冀酿 1 号：河北省农林科学院谷子研究所选育高粱品种。夏播生育期 100 天，春播生育期 110 天，是目前河北省最早熟的高粱杂交种。芽鞘浅红、幼苗绿色，穗纺锤形，中散穗，穗层整齐，适合机械化收割，黑壳，红粒，胚乳粳质；平均株高 140.0 厘米，穗长 28.2 厘米，穗粒重 48.5 克，千粒重 25.3 克。生产鉴定该品种抗蚜、轻感叶斑病，丝黑穗病自然发病率为 0；干籽粒粗蛋白含量 8.64%，总淀粉含量 70.29%，单宁含量 1.11%，粗脂肪含量 2.79%。河北省、山东、河南均可种植，适宜在土壤条件较好的麦茬地夏播机械化栽培种植。

红缨子：属糯性中秆中熟常规品种。仁怀市丰源有机高粱育种中心利用仁怀地方品种小红缨子高粱品种选优良单株与利用地方特矮秆品种选择优良单株作父本，杂交后穗选，经 6 年 8 代连续穗选而成的常规品种。全生育期 131 天左右。叶色浓绿，颖壳红色，叶宽 7.3 厘米左右，总叶数 13 叶，散穗形；株高 245 厘米左右，穗长 37 厘米左右，穗粒数 2 800 粒；籽粒红褐色，易脱粒，千粒重 20

克左右。单宁含量 1.61%，总淀粉含量 83.4%，支链淀粉含量占总淀粉含量的 80.29%，糯性好，种皮厚，耐蒸煮。适宜贵州省的遵义市和金沙县的中上等肥力土壤种植。

辽甜 1 号：国家高粱改良中心于 2005 年通过国家高粱品种鉴定委员会鉴定。该杂交种属于能源专用型，紫芽鞘，纺锤形中紧穗，红壳白粒，生育期 134 天，株高 314.2 厘米，茎粗 2.02 厘米，茎秆多糖多汁，茎汁含量 65%，茎秆含糖锤度 17.6%，产量高，一般亩产 5 000~6 000 千克。品质好，经测定茎叶粗蛋白 4.92%，粗脂肪 1.06%，粗纤维 31.6%，粗灰分 1.92%，可溶性总糖 31.5%，无氮浸出物 47.7%，茎和叶氢氰酸含量在株高 192.3 厘米时分别为 1.0 毫克 / 千克和 5.47 毫克 / 千克，在株高 132.6 厘米时分别为 38.4 毫克 / 千克和 30.6 毫克 / 千克。抗叶病、较抗倒伏，对丝黑穗病免疫。2003 年在全国 14 个试验点中，鲜重平均亩产 5 200.3 千克，居第 1 位，比对照辽饲杂 1 号增产 25.4%，13 个点增产，1 个点减产。籽粒平均亩产 345.92 千克，居第 2 位，比对照增产 3.0%。2004 年在全国 13 个试验点中鲜重平均亩产 5 706.1 千克，居第 2 位，比对照辽饲杂 1 号增产 18.1%，12 个试验点增产，1 个试验点减产。籽粒平均亩产 406.0 千克，居第 2 位，比对照增产 1.5%。两年鲜重平均亩产 5 453.2 千克，比对照增产 21.75%，籽粒平均亩产 375.96 千克，比对照增产 2.25%。

栽培技术要点如下。该杂交种适应性广，在中等肥力土地上皆可种植，亩保苗 5 000 株左右为宜，亩施优质农肥 3 000 千克，播种时施口肥磷酸二铵 10~15 千克 / 亩，拔节期追施一次化肥（如尿素 20 千克 / 亩），生长期间注意防治黏虫和蚜虫。该杂交种可 1 次收获，也可 2 次收获，在抽穗开花期收获一次，利用其再生性收获第二次。全国大部分地区均可种植，如粮秆兼用，须在有效积温 2 800℃以上地区种植。

辽甜 3 号：2008 年通过国家高粱品种鉴定委员会鉴定。生育期 141 天，株高 336.4 厘米，茎粗 2.04 厘米，分蘖 2.2 个，中紧穗，纺锤形，红壳灰白粒，茎秆多汁，茎秆含糖锤度 19.7%；叶病轻，丝黑穗病自然发病率 0.05%，接种发病率为 0，开花期倒伏 21.0%，收获期倒伏 26.1%；粗蛋白 4.89%，粗纤维 30.5%，粗脂肪 7.6%，粗灰分 6.48%，可溶性总糖 34.4%，无氮浸出物 47.13%，水分 3.4%；在株高 75.4 厘米时，叶中氢氰酸 3.27 毫克 / 千克，茎中氢氰酸 1.8 毫克 / 千克（2006 年结果）；在株高 120.0 厘米时，叶中氢氰酸 9.4 毫克 / 千克，茎中氢氰酸 19.3 毫克 / 千克（2007 年结果）。2006 年、2007 年连续两年参加全国高粱品种能源青贮组区域试验。两年鲜重平均亩产 5 154.1 千克，比对照辽饲杂 1 号增产 30.2%。籽粒平均亩产 364.0 千克，比对照辽饲杂 1 号增产 4.0%。

栽培技术要点如下。在中等以上肥力土地上均可种植，亩保苗 5 000 株左右为宜，亩施优质农肥 3 000 千克，播种时施口肥磷酸二铵 10~15 千克/亩，钾肥 5 千克/亩，拔节期追施尿素 20 千克/亩。生长期间注意防治黏虫和蚜虫。辽甜 3 号可 1 次收获，也可 2 次收获，在抽穗开花期收获一次，利用其再生性收获第二次。可在黑龙江省第 I 积温带，吉林中部、辽宁中部和西部、北京、山西中南部、甘肃、新疆北部、安徽、湖南、广东等适宜地区作能源高粱种植。南方高粱区注意防治穗部害虫（图 3-27）。

图 3-27 辽甜 3 号

辽甜 6 号：2010 年通过国家高粱品种鉴定委员会鉴定。甜高粱杂交种，生育期 141 天。株高 326.0 厘米，茎粗 1.89 厘米。中紧穗，纺锤形，褐壳红粒。茎叶粗蛋白含量 7.18%、粗纤维含量 21.9%、粗脂肪含量 26.0 克/千克、粗灰分含量 5.74%、可溶性总糖含量 10.2%、水分含量 4.9%。该品种在株高 120.0 厘米时，叶中氢氰酸 4.16 毫克/千克，茎中氢氰酸 1.54 毫克/千克（2008 年结果）。在株高 117.0 厘米时，叶中氢氰酸 0.39 毫克/千克，茎中氢氰酸 0.91 毫克/千克（2009 年结果）。茎秆多汁，茎秆含糖锤度 18.5%，茎秆出汁率

57.2%，叶病轻，丝黑穗病接种发病率 0.5%。2008—2009 年能源 / 青贮组区域试验，两年鲜重平均亩产 4 403.5 千克，比对照辽饲杂 1 号增产 6.9%。籽粒平均亩产 309.2 千克，比对照辽饲杂 1 号减产 2.3%。

栽培技术要点如下。辽甜 6 号适应性广，抗逆性强，在中等肥力土地、含盐 5% 以下盐碱地均可种植，亩保苗 5 000 株左右为宜。播种时可施入一次性缓释肥或亩施优质农肥 3 000 千克、播种时每亩施口肥磷酸二铵 10~15 千克、钾肥 5~7.5 千克、拔节期追施尿素 20~25 千克。种植方式可采取 5∶5 套矮秆作物或比空栽培或清种。套种或比空栽培有利于机械化收割。生长期间注意防治黏虫和蚜虫。建议在辽宁沈阳以南、山西中南部、北京、安徽、河南、湖南、广东、新疆昌吉地区种植。

辽甜 9 号：2011 年通过国家高粱品种鉴定委员会鉴定。是茎秆专用型能源甜高粱杂交种，以 A3 型细胞质雄性不育系为母本与甜高粱恢复系杂交选育而成，后代在生物产量、总糖以及茎秆含糖锤度方面均有明显提高，不产籽粒的不育化 A3 细胞质杂交种乙醇总产量要高于粮秆兼收的 A1 细胞质杂交种。同时，可有效解决能源甜高粱抗倒伏能力差、防鸟害难等问题，还可以满足加工企业原料生产轻简化及收获阶段化的需要。该品种属于能源甜高粱杂交种，生育期 132 天。株高 347.2 厘米，茎粗 1.80 厘米。茎叶粗蛋白含量 6.44%、粗纤维含量 27.0%、粗脂肪含量 13.0 克 / 千克、粗灰分含量 5.4%、可溶性总糖含量 24.14%、水分含量 6.2%。在株高 115.0 厘米时，叶中氢氰酸 0.31 毫克 / 千克，茎中氢氰酸 1.23 毫克 / 千克（2009 年结果）。在株高 192.0 厘米时，叶中氢氰酸 0.27 毫克 / 千克，茎中氢氰酸 0.33 毫克 / 千克（2010 年结果）。茎秆多汁，茎秆含糖锤度 20.6%，茎秆出汁率 55.1%，倾斜率 39.0%，倒折率 25.0%，丝黑穗病接种发病率 8.3%。2009—2010 年能源 / 青贮组区域试验，两年鲜重平均亩产 4 639.9 千克，比对照辽饲杂 1 号增产 13.6%。

栽培技术要点如下。辽甜 9 号适应性广，抗逆性强，在中等肥力土地、含盐量在 5% 以下盐碱地均可种植，亩保苗 5 000 株左右为宜。播种前可施入一次性缓释肥或亩施优质农肥 3 000 千克，播种时每亩施口肥磷酸二铵 10~15 千克、钾肥 5~7.5 千克、拔节期追施尿素 20~25 千克。种植方式可采取清种、5∶5 套矮秆作物或比空栽培。套种或比空栽培有利于机械化收割。生长期间注意防治病虫害。建议在辽宁中西部、内蒙古通辽、山东、山西中南部、安徽、河北、河南、湖南、新疆昌吉适宜地区种植，注意防止倒伏。

辽甜 13：2014 年通过国家高粱品种鉴定委员会鉴定，是 A3 型细胞质能源甜高粱杂交种。2012 年、2013 年两年区试平均生育期 142 天，平均株高 361.8 厘米，茎粗 2.1 厘米，含糖锤度 19.2%，出汁率 51.1%，倾斜率 15.4%，倒折率 6.5%，丝黑穗病自然发病率两年平均为 0，接种发病率两年平均为 0。该品种粗蛋白 5.26%、粗纤维 29.90%、粗脂肪 18.0 克 / 千克、粗灰分 6.5%、可溶性总糖 18.3%、水分 4.4%。该品种在株高 102.0 厘米时，叶中氢氰酸 0.036 毫克 / 千克，茎中氢氰酸 0.036 毫克 / 千克（2012 年结果）。该品种在株高 100.0 厘米时，叶中氢氰酸 0.021 毫克 / 千克，茎中氢氰酸 0.022 毫克 / 千克（2013 年结果）。2012 年鲜重平均产量 5 330.9 千克，居全国第 2 位。比对照辽甜 6 号增产 16.2%，14 个点增产，1 个点减产。2013 年鲜重平均产量 5 234.4 千克，居全国第四位。比对照辽甜 6 号增产 17.7%，13 个点全部增产。比参试品种平均值增产 4.4%，9 个点增产，4 个点减产。两年区试鲜重平均产量 5 282.7 千克，比平均对照增产 10.0%。两年全国共 28 个点次，23 个点次增产，5 个点次减产。该品种生物学产量高，茎秆产量可达 5 300 千克以上，最高可达 8 500 千克；茎秆多糖多汁，茎秆含糖锤度 19.2%，茎秆出汁率 51.1%，是生产燃料乙醇较理想的能源作物品种；是 A3 型细胞质甜高粱杂交种，为不育化类型，没有籽粒，有效避免了甜高粱生育后期头重脚轻的现象，大大降低了倒伏风险，没有鸟害问题；只要含糖量达到要求，不必等待籽粒成熟，即可收获，缩短了生育期，为分期播种、延长加工时间创造了条件；抗逆性强，经两年试验丝黑穗病自然发病率 0，接种发病率为 0。作为能源作物，≥ 10℃活动积温达到 3 200℃以上的地区均可种植。作为青贮饲料，在我国各地均可种植（图 3–28）。

图 3–28　辽甜 13

二、配套高效栽培技术

选择适应当地生态条件且经审定推广的优质、抗逆性强的高产品种，避免越区种植，目前多地高粱主产区已制定适宜当地的高粱高产栽培技术。

（一）以辽宁高粱产区为例（北方区可适当参考）

1.机械化播种

在大面积生产上，利用高粱盘式气吸播种机双倍密度下种，在面积小或坡岗山地等不具备机械化作业条件的情况下，可利用手推轮式播种器等小型农用机械进行单粒或双粒精量播种。选择颗粒饱满、发芽率大于80%、芽势强的新种子，建议使用高粱专用包衣剂进行包衣处理，结合土壤水肥条件，确定种植品种的密度，实现等距精准播种、不间苗或少间苗的轻简栽培模式。依据土壤墒情来确定播种深度，墒情适宜情况下播种深度覆土镇压后在2~3厘米（图3-29）。

图 3-29　机械化播种

2.无人机病虫害防控技术

当前高粱生产均已规模化种植为主，生产上的病虫害防治遵循防大于治的原则，预防非常重要。因此，在高粱生育进程的拔节期、孕穗期等关键时期，使用无人机防治螟虫、蚜虫等常见病虫害。

3.无人机喷施叶面肥或喷撒尿素追肥技术

底肥＋追肥的栽培技术是多年来高粱生产上形成的惯性模式，不仅费时费工，而且成为了高粱机械化作业快速发展的技术瓶颈。经多年研究表明，一次性缓控肥＋叶面肥的配合使用可以替代传统施肥技术，在追肥时期使用无人机进行叶面喷施微肥，能够达到追施尿素一样的效果；或者利用无人机装载尿素颗粒以螺旋桨旋转动力呈圆形喷撒，完成追肥作业。

4.全程机械化栽培模式

高粱生育期采用全程机械栽培模式，主要包括精量播种技术，苗前或苗后低残留除草剂除草，一次性缓控肥＋叶面肥的配合使用可以替代传统施肥技术，在追肥时期使用无人机进行叶面喷施微肥，能够达到追施尿素一样的效果，收货采用联合收割机技术，实现高粱全程机械化作业（图 3-30）。

图 3-30　联合收割机技术

（二）以四川高粱产区为例（南方区可适当参考）

1.播种育苗技术

（1）种子处理

每亩本田备杂交种子 0.3~0.5 千克。播前晒种 4~8 小时，可选用咪鲜胺乳油等杀菌剂进行种子消毒。

（2）苗床地整理

按每1∶（20~30）准备苗床。苗床地宜选用背风向阳、灌溉方便、肥力中上的砂壤土。结合深耕整地，每亩施腐熟有机肥1 000~2 000千克做底肥，将表土整平整细后开厢，厢沟宽0.4~0.5米，厢面宽1.1~1.2米。

（3）播种

当春季10厘米土温稳定在12℃以上，根据移栽时间适时播种。播种前1天浇足苗床底水。播种时，可选用敌克松等对苗床进行喷洒消毒。每亩苗床播种8~10千克，用细土盖种1.0厘米，盖膜保温保湿，防倒春寒。

（4）苗期管理

苗龄2~3叶时根据天气等情况，适时揭膜炼苗、匀苗、定苗；每亩可追施腐熟人畜粪清水1 000~2 000千克提苗。如有地老虎等地下害虫，可用高效氯氟氰菊酯等喷雾防治，或放置毒饵诱杀。

2.整地移栽技术

（1）整地

先进行除草。间套作预留行按宽窄行规格直接打窝定植；净作地如地表过湿时宜进行翻耕处理，墒情适宜时直接打窝定植。

（2）移栽

一般在苗龄25~30天或叶龄4~5叶时移栽。行距65~70厘米，穴距30~35厘米，穴栽双株，间套作每亩种植2 500 ~3 500穴，净作每亩种植3 000 ~4 000穴。移栽后浇定根清粪水，确保成活。

3.病虫害防治

按照"预防为主，综合防治"的原则，优先采用农业、物理和生物防治措施，合理使用化学防治措施。

（1）农业防治

选用抗病良种，实行轮换种植、合理间套作、推行健身栽培等预防病虫害发生。

（2）物理防治

综合采用灯光诱杀、色板诱杀等物理措施。

（3）生物防治

保护利用自然天敌，推广使用生物农药和性诱剂诱杀等技术（图3-31）。

（4）化学防治

应按照农药安全使用标准进行。

芒蝇：当达到防治指标时，可选用氰戊菊酯等高效低毒农药进行防治。

螟虫：抽穗至灌浆期防治。当达到防治指标时，可选用氯虫苯甲酰胺、氟虫双酰胺或甲维氯氰等农药，分别在始穗期、灌浆期防治两次。

图3-31 草地贪夜蛾诱捕器

蚜虫：当达到防治指标时，可选用吡虫啉、抗蚜威、噻虫嗪或氯氟氰菊酯等农药进行叶面喷雾防治。

纹枯病：当达到防治指标时，可选用苯醚甲环唑、丙环唑、井冈霉素或多菌灵等农药进行防治。

炭疽病：当达到防治指标时，可选用苯醚甲环唑、咪鲜胺、溴菌腈、苯醚甲环唑或咪鲜胺锰盐等农药进行防治。

4.再生高粱高产栽培技术

（1）留桩高度

桩高控制在离地面3~4厘米，留桩过高，穗小不整齐，留桩过低，再生苗细弱。砍刀要锋利，砍秆速度要快，尽量减少茎秆破碎程度。

（2）除秆覆盖

头季收割后当日立即砍去高粱秆，促使养分迅速转移供给基部再生腋芽。要求用利刀平砍或枝剪平剪，避免破桩、伤芽，造成桩头失水或腐烂，保证近地1~2节位腋芽顺利萌发成苗。无病虫高粱秆可就地覆盖行间保湿、防草（忌盖桩头），也可搬出地外集中处理。收获后遇干旱要适当增施水分。

（3）注意防涝

砍秆后及时清沟，保持田间排水顺畅，防止积水烂蔸。

（4）施肥

分为促芽肥、发苗肥、壮秆肥。

促芽肥：在头季高粱收获前10~15天，每亩用尿素5~10千克加足量清粪水

图 3-32　诱捕器

窝施，施后覆土，促休眠芽醒芽。

发苗肥：头季高粱收获后 1~2 天内，每亩用人畜粪肥 1 000 千克、尿素 5 千克或碳铵 15 千克、过磷酸钙 20~30 千克灌窝覆土，促进腋芽萌发成再生苗。

壮秆肥：再生苗 6~7 叶时，每亩施农家肥 1 000~1 500 千克、三元复合肥 20~25 千克（或尿素、硫酸钾各 8~10 千克），促进茎秆健壮生长，争取大穗。

（5）抹芽疏苗

当再生苗长到 2~3 叶时，每窝保留健壮苗 2~3 个，抹去多余蘖苗和病弱苗，以分株办法补足缺窝，每亩留苗 8 000 株左右。

（6）中耕培土

结合发苗肥施用，进行一次中耕除草，促早发新根；施用壮秆肥后，进行第二次中耕除草并培土上厢，促进再生苗自身根系建成，确保生长健壮、整齐一致，夺取高产。

（7）病虫害防治

再生高粱病虫害防治同头季高粱，但应特别加强对螟虫、蚜虫的防治。

（8）防鸟

鸟类缺食季节，应采取防鸟措施。

（9）收获

蜡熟后抢晴天收获，及时打晒，避免因秋季绵雨造成损失。

第三节　青稞优质专用品种及配套栽培技术

一、优质专用新品种

藏青 3000：西藏自治区农牧科学院农业研究所选育，生育期 114 天，株高 106 厘米，穗长 6.1 厘米，千粒重 50.3 克，穗粒数 41.6 粒，成穗数 18.8 万穗/亩。

为长芒、四棱、白颖型品种，出苗整齐，茎秆弹性较强，抗倒伏，叶片较狭窄而深绿，产量潜力高，稳产，中晚熟。适宜海拔 2 700~3 950 米的河谷农区种植。

藏青 17：西藏自治区农牧科学院农业研究所选育，全生育期为 102 天，株高 104.7 厘米，穗长 6.7 厘米，千粒重 45.5 克，穗粒数 42.0 粒，亩成穗数 23.4 万穗。长芒、四棱、白粒、白颖、茎秆弹性较强。属中早熟高（丰）产型春青稞新品种，适宜在海拔 2 700~4 500 米的春青稞种植区域种植。

昆仑 14 号：青海省农林科学院选育，通过青海省省级审定和国家审定，属粮草双高春性品种，中早熟，生育期 107~110 天。中抗条纹病、云纹病；抗倒伏性强，耐旱性、耐寒性中等，不易落粒；籽粒半角质，蛋白质含量 11.08%，淀粉含量 54.98%（其中直链淀粉 20.60%，支链淀粉 79.40%），β- 葡聚糖含量 4.16%，赖氨酸含量 0.657%；幼苗半匍匐，叶浅绿色，叶姿半直立；株高 101.4~104.4 厘米，茎秆绿色，弹性好，株型紧凑；穗全抽出，穗茎直立，穗半下垂，六棱稀穗，长方形，小穗着生密度中等，穗长 7.2~7.8 厘米。长齿芒、黄色；每穗粒数 36.4~42.0 粒、单株粒重 2.2~2.6 克，千粒重 43.1~46.8 克。裸粒，黄色，卵圆形；经济系数 0.44~0.46，容重 788 克 / 升。在青海、甘肃、新疆等省（区）大面积推广种植，最大推广面积 50 万亩（图 3-33）。

图 3-33　昆仑 14 号

昆仑 15 号：青海省农林科学院选育，属籽粒高产型春性品种，中早熟，生育期 105~111 天。中抗条纹病、云纹病；抗倒伏性强，耐旱性、耐寒性中等，不易落粒。籽粒半角质，蛋白质含量 9.91%，淀粉含量 54.70%（其中直链淀粉 17.52%，支链淀粉 82.48%），β- 葡聚糖含量 5.36%，赖氨酸含量 0.404%。幼苗直立，叶绿色，叶姿上挺；株高 85.4~92.5 厘米，茎秆绿色，弹性好，株型紧凑；长齿芒、黄色；颖壳黄色，外颖脉黄色，护颖窄；穗半抽出，穗茎直立，穗半直立，六棱稀穗，长方形，小穗着生密度中等，穗长 7.3~7.7 厘米；每穗粒数 36.5~41.1 粒，单株粒重 2.1~2.5 克，千粒重 42.1~44.7 克；裸粒，褐色，卵圆形；经济系数 0.48~0.52，容重 792 克/升。该品种在青海、新疆等省（区）大面积推广种植，最大推广面积 35 万亩（图 3-33）。

图 3-33　昆仑 15 号

二、配套高效栽培技术

1. 全程机械化生产技术

贯穿从种到收的全程轻简化技术，有条件可配备北斗导航系统，整地环节包括施肥管理、播前灭草、整翻地等作业，整地环节施肥主要以施有机肥为主，采用牵引式液压多功能圆盘撒肥机能提高大田有机肥撒施效率和质量；有机肥撒施完后采用机械与无公害药剂相结合的方法防治杂草，无公害药剂采用四轮拖拉机背负式农药喷雾机在播前翻地前喷施；整地选用深松联合整地机、旋耕机、调幅犁等机具进行整地和机械灭草，以调幅犁深耕技术为主，深耕 ≥ 20 厘米，深松 ≥ 25 厘米，以打破犁底层 5~10 厘米为准，浅旋 ≤ 15 厘米；播种选择具有一次性完成开沟、施肥、播种等多种工序的分层施肥条播机、沟播机、旋播机；草害防控选用四轮拖拉机背负式农药喷雾机或无人机进行喷施；收获选用籽粒总损失率低于 3.0%，含杂率低于 2.0%，破碎率低于 1.5% 的联合收割机（图 3-34）。

图 3-34　青稞播种

2.有机肥替代化肥技术

选择适宜的有机肥与无机肥进行配施，减少无机肥的用量，提高青稞品质，保障青稞单产不降低，甚至小幅度提高单产。具体可参照 2021 年青海省地方标准《青稞有机肥替代化肥栽培技术规范》（DB 63/T 1960—2021）。

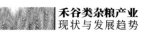

3. 精量播种技术

采用爱科 MF3404 型大马力拖拉机（北斗导航终端、自动驾驶）+雷肯 24 行种、肥分层精量播种机，可实现漏播率小于等于 2%、重播率小于等于 1%，相比于人工驾驶精量播种技术，亩节省种子 1.5 千克、节省劳力 1 个、工作效率提高了 29%，田间出苗率高、出苗均匀度好，能达到苗全、苗齐的高产播种要求，可实现亩节约种子投入成本 6.0 元，实现天节约劳务成本 200.0 元。

4. 绿色高效化控除草和叶面肥喷施技术

采用 GPS 定位操控植保无人机化控除草和叶面肥喷施机，可明显降低青稞田间未防除杂草多度和盖度，且杂草防除效率高达 93%，农药（叶面肥）喷施均匀度较四轮拖拉机背负式化控除草和叶面肥喷雾机优；工作效率无人机防飞技术比四轮拖拉机背负式化控除草和叶面肥喷雾技术提高了约 2.4 倍。

5. 青稞绿色高效生产技术模式

北斗导航全程机械化与信息化技术是实现青稞绿色高效种植的一门新技术，其主要技术环节为：有机肥均匀撒施→深翻整地→自动驾驶精准播种→自动驾驶精准中耕→无人机精准变量喷雾植保→无人机精准喷施叶面肥→联合收获，在深翻、深松、播种、收获四个环节安装远程信息化检测终端开展作业质量、作业面积及数据统计等实时监测。

6. 青稞配套机械

随着近年来青稞生产规模化、集约化程度不断升高，贯穿青稞从种到收的农机具配套率也逐年升高，青稞生产配套农机具按田间管理过程和阶段具体如下。

（1）耕犁地机械

在整地环节，常用耕犁地机械主要有常规犁（耕深 10~15 厘米）+重型圆盘耙（耕深 10~15 厘米）、调幅犁（耕深 15~20 厘米）+重型圆盘耙（耕深 10~15 厘米）和北斗导航精准定位系统拖拉机带镜面栅条旋转犁（耕深 20~25 厘米）+重型圆盘耙（耕深 10~15 厘米）3 种类型。

（2）撒肥机械

在施肥环节，由于肥料不同，配套农机具也有所不同，商品有机肥（颗粒）撒施配套农机具主要为小型四轮拖拉机牵引式地轮驱动小型圆盘撒肥机（配套动力 25~50 马力[①]、容积 2.5 米³）、约翰迪尔 1654 拖拉机牵引式液压多功能圆盘

---

① 1 马力 ≈ 735 瓦特。

撒肥机（配套动力 70~120 马力、容积 8 米³）和履带自走式有机肥圆盘撒肥机（配套动力 20 马力、容积 2 米³）等（图 3-35）。

图 3-35　撒肥机

（3）播种机械

在播种环节，播种机械主要有爱科 MF3404 型大功率拖拉机（人工驾驶）+雷肯 24 行种、肥分层精量播种机和爱科 MF3404 型大功率拖拉机（北斗导航终端、自动驾驶）+雷肯 24 行种、肥分层精量播种机，旱地播种机具有单行镇压功能。

（4）植保机械

在病虫草害防控方面，常用的植保机械主要是依据种植户选择，有 GPS 定位操控植保无人机化控除草和叶面肥喷施机、四轮拖拉机背负式化控除草和叶面肥喷雾机两种配套机械（图 3-36）。

图 3-36　无人机飞防

（5）收获机械

在收获环节，收获机械主要有配套的雷沃谷神 GF50 联合收割机和约翰迪尔 C440 联合收割机两种配套机械（图 3-37）。

图 3-37　联合收割机作业

第四章　禾谷类杂粮食品与消费

第一节　谷子食品与消费

一、谷子（小米）食品

中国谷子消费类型仍以初级加工为主，小米食用消费约占总消费量的80%，其中粥用约占85%、米饭食用约占15%；深加工产品约占15%，其余5%用作种子和饲料。

小米主食面食产品：小米馒头、小米面条（图4-1）、小米挂面、小米煎饼等。

小米专业化产品：小米饼干、小米酥、小米锅巴（图4-2）、小米蛋糕、小米鲊、小米糍粑、小米汤圆、小米粽子、小米营养粉、小米方便面、小米方便粥、小米糊糊、小米豆浆粉等。

图4-1　小米主食面食产品——小米面条

图4-2　小米专业化产品——小米锅巴

小米深加工饮品：小米白酒、小米清酒、小米黄酒、小米醋、小米可乐、小米汽水、小米乳酸菌发酵饮料等（图4-3）。

图4-3　小米深加工饮品

二、谷子（小米）消费

1949年以后，中国谷子消费均呈现"U"形波动状态，由于谷子进出口贸易量较小，谷子消费量的变动会随着国内生产量的波动而变化，因此，国内谷子消费量在低于总产量的水平上随着总产量的变化而变化。近年来，随着人民生活水平的提高和消费结构的不断升级，对小米的需求也日益增多，小米营养丰富、药食同源特性是现代人消费的趋向，对于满足居民日益丰富的消费需求，改善居民膳食结构，提高全民健康水平具有重要意义。

1. 小米人均消费量变化

与小麦面粉和大米相比，小米的淀粉颗粒偏大，口感发粗发干，适口性相对较差。面筋含量低，机械加工难度大，传统的烹饪制作费时费工，不能很好地适应快节奏的现代生活，直接导致几千年来一直在我国北方饭桌上担任主角的小米已经悄悄退位，成为辅助食品。目前，除了极少部分地区仍以小米干饭为主粮消费外，谷子特色食品仅停留在产地农家的餐桌上，全国大部分地区小米的烹饪方法以熬粥为主，致使消费量增速缓慢，人均仅2千克/年左右。然而伴随着居民对更美好生活向往的食品消费需求的转型升级，食物消费方式逐渐向营养均衡多样化方向演进。小米恰恰契合了食品的消费升级、产出能力提升、科技提质以及结构变化等多重消费趋势，与此同时，也对居民健康有积极助益，从而增加居民饮食文化丰富性。

2.谷子的消费结构

谷子消费主要有食用消费、加工消费、饲料消费、种用消费、损耗和其他消费形式。食用消费指直接食用的消费；饲料消费指直接用作饲料或者副产品用于饲料的消费；损耗消费和其他消费在小米总消费中的比例很小且相对稳定。总体来看，加工消费和食用消费是小米消费的主要形式，两项消费合计约占小米总消费的85%以上。种子消费和饲料消费分别占到8%和4%左右。以谷子（小米）食用消费为例，最大的消费类型是居民的早餐和晚餐粥，居民消费小米80%以上煮粥为主。最主要的消费人群是中老年人、孕妇、幼儿、病人等特殊群体。国家谷子高粱产业经济岗位通过网上调查全国谷子消费类型，结果表明，目前谷子消费类型的比例为小米64.85%，小米锅巴23.37%，饲料谷子11.29%，小米醋0.41%，小米酒0.07%，小米挂面0.01%。

3.城镇居民的小米消费影响

通过以石家庄城镇居民小米消费影响的调查分析可知，年龄越大的人越愿意消费小米，随着年龄的增长，人们会越来越关注自身健康状况，小米的消费意愿也就增加，居民家中有小孩或老人的消费者消费小米的意愿强烈，小米的价格会影响居民消费小米，呈正向关系，居民对小米的历史文化、营养了解度促进了小米的消费意愿。

另外随着人们生活水平的提高，城乡居民消费结构加快升级，消费者对药食同源、健康保健的小米消费需求逐步增加。同时，消费者对小米方便粥、小米煎饼、小米醋等深加工产品消费增多，例如，冀谷煎饼、健饼煎饼等品牌小米煎饼连锁店近两年在全国已快速发展到上百家。

第二节　高粱食品与消费

一、高粱食品

高粱用作食品的主要产品是高粱白酒和高粱醋，其他还包括高粱饴、高粱饼、高粱蛋糕、高粱面条、高粱煎饼、高粱红色素、高粱糍粑，以及高粱米粥。我国高粱曾以食用为主，至今在北方一些农村，仍有食用高粱食品的习惯。

东北地区多将高粱籽粒加工成高粱米食用，黄淮流域则喜欢将籽粒磨成面粉，做成各种风味的面食。还有用糯高粱面粉制作的各式黏糕点。因此，中国的传统高粱食品种类很多，做法、食法也很丰富，用高粱米和面做出的中国传统高粱食品有40余种。根据原料和做法，有米制食品，即米饭、米粥等；面制食品，饸饹、饺子、面条、炒面、发糕、年糕等，其中仅面条就有10余种。高粱米性味平微寒，具有凉血、解毒、消暑止渴之功效，自古以来民间就有用高粱治疗高血压、高血脂、高血糖的习俗。

除我国外，在亚洲、非洲和部分中美洲地区，高粱也是重要的主食，而且品种多样。通常制造面包的原料是小麦面粉，随着人们对营养全面、食品多样化和粗粮食品需求的增加，在不改变风味的情况下，在面包中加入适量的高粱面粉，将有助于身体健康。甜点是大家喜闻乐见的食品，在美国堪萨斯州立大学的加工实验室，已尝试在甜点中加入 10%~20% 高粱面粉。很多小食品为膨化产品，这些产品适口性好易于消化，普通高粱品种和爆裂品种均可作为膨化食品的原料。高粱啤酒是非洲人的一种传统饮料，有很长的饮用历史。目前，非洲高粱啤酒的酿制已变成了大规模的工厂化生产。由于各部族都用其特有的土法制作高粱啤酒，因此非洲高粱啤酒的风味也不尽相同。在西非，高粱啤酒为浅黄色的液体；在南非，高粱啤酒则是一种浅红色至棕红色的不透明液体。

在中国，高粱是生产白酒的主要原料，以高粱为原料酿造蒸馏酒已有700多年的历史，驰名中外的中国名酒多是以高粱作为主料或辅料发酵而成。高粱籽粒中除含有酿酒所需的大量淀粉、适量蛋白质及矿物质外，更主要的是高粱籽粒中含有一定量的单宁。适量的单宁对发酵过程中的有害微生物有一定抑制作用，能提高出酒率。单宁产生的丁香酸和丁香醛等香味物质，又能增加白酒的芳香风味。因此，含有适量单宁的高粱品种是酿制优质酒的原料。近年来，随着生活水平的提高，酿酒工业发展迅速，对原料的需求量日益增多，酿酒原料是高粱的一个主要去向。世界上其他的蒸馏酒如金酒、威士忌、伏特加等，也常添加高粱发酵酒精。

在我国酿造业仍然是高粱市场需求的主要拉动力，特别是在白酒、食醋等传统酿造产业。我国多个专用酿造高粱基地依托酿酒、酿醋等酿造企业，在政府相关部门主导和产业体系科技指导下，呈现了集中、规范、快速发展势头，特别是四川、贵州、山西等省，以酿酒企业为核心的产业规模持续扩大，围绕酿酒企业生产专用高粱的产业带已经初具规模。以新品种、新技术、新模式、新机制的结合方式提高了种植高粱的经济和社会效益，促进了酿造高粱的生产水平，为酿造企业带来丰厚利润的同时，切实增加了产业带农民的收入。例如，山西的酿造产业出现了空前发展，以汾酒集团、水塔（陈醋）集团为龙头，以做强做大相关产业为目标，建成了集生产、营销、文化、旅游为一体的相关产业协调发展的产业带（图4-4）。

图4-4 高粱产品

高粱作为一种品质优良的饲料，对世界畜牧业的发展有着极其重大的推动作用。饲用高粱可分为籽粒型高粱和饲草专用型高粱。籽粒型高粱作为配方饲料主要能量组分来源之一，具有高蛋白、高赖氨酸、低单宁、低消化率，且适口性好的特点，近几年，在我国应用比例逐渐加大，带动了高粱进口量维持在较高水平。

二、高粱消费

高粱主要用于饲料和酿造。国产高粱的单宁含量高，主要用于酿酒，消费量占总产量的80%。但是随着畜牧业发展、经济水平提高、文化认知提升，高粱用途趋于多样化，饲料占比逐渐提升，约占8%，帚用、工艺品等其他用途约占7%；高粱因富含多酚、粗纤维、烟酸、生物素等营养成分，食用高粱占比有提高趋势；进口高粱单宁含量低，约80%用于饲料。

传统上我国高粱主要以食用为主，兼作饲用。在过去的很长时间内，我国进口高粱数量很少。国产高粱是酿制白酒、醋等的主要原料。高粱在用作饲料时，其价值与玉米相当，但过去用量较少，因而，很长的时期内，我国高粱进口量很少。近年来，随着国内玉米价格的持续上涨，国内外玉米价格出现较大价差，但由于玉米有配额限制，因而，同样可以作为饲料原料的高粱进口出现了较大幅度的增加。根据海关统计数据，2012年我国高粱进口量不到10万吨，2016年进口高粱虽然较2015年明显降低，但仍然达到了665万吨，并且进口高粱主要用在饲料上以代替玉米。高粱在饲料中是一种很好的能量来源，虽然能量比玉米低，但其蛋白质和可用磷含量都比玉米高，从氨基酸含量来看，也有几种必需氨基酸含量高于玉米。理论上在猪料和禽料中，高粱能够完全替代玉米。过去高粱中单宁含量高降低了高粱的饲用价值，但随着高粱品种的改进，当前进口高粱已基本属于低单宁或无单宁品种。在实际调研中，发现在替代高峰的2015/2016年度。高粱替代玉米有几个特征。一是东南沿海替代量高，特别是广东及辐射区域替代量较大，其主要原因是东南沿海非玉米主产区，高粱替代玉米有较高的性价比；二是进口高粱在禽饲料中替代比例较大，广东部分企业在鸡饲料中的替代比例达到20%~30%，个别企业鸭饲料中的替代比例最高达到30%~40%。由于高粱蛋白质虽然略高于玉米，但品质不佳，缺乏赖氨酸和色氨酸，蛋白质消化率低，因而虽然猪饲料中也在替代，但总体以禽料替代为主；三是华北部分鸡饲料生产企业使用高粱的比例也曾经达到15%~20%，但由于是在玉米主产区，其替代不如南方地区市场广泛。

随着白酒和饲料行业发展，国产高粱酿造需求和进口高粱饲用需求均在增长。以白酒酿造为例，近年来，我国白酒行业经历了产业转型升级，品牌酒企对高粱需求旺盛，近 10 年国产高粱消费增加 90% 以上。相关数据显示，我国白酒年消费需求约 1 000 万吨，按照 2 千克高粱酿 1 千克白酒计算，需消费高粱 2 000 万吨，而我国自产的高粱约 300 万吨，酒用高粱缺口差距较大。

我国帚用高粱种植主要集中在黑龙江、吉林和内蒙古东部，由于近年来市场较好，价格看涨，辽宁、山东、甘肃、陕西等省也有一定面积的种植。全国的播种面积增长较快，据不完全统计全国帚用高粱种植面积约为 100 万亩。笤帚加工主要集中在山东、河北、黑龙江等地，石家庄和武汉是全国两个最大的笤帚制品批发市场，年笤帚制品交易量分别达到 2 000 万把和 4 000 万把，交易额分别为 1 亿元和 2 亿元左右。

第三节　青稞食品与消费

一、青稞食品

藏区青稞产业最初的发展方向依然是源于两大最传统的产品形态，即青稞酒和糌粑。在 20 世纪末到 21 世纪初，青藏高原本土企业开始在传统工艺的基础上探索青稞酒、青稞啤酒、青稞白酒等产品的产业化生产和销售模式，藏区各地也开始通过分散生产、集中销售等形式打造了众多糌粑品牌。这一批最早的青稞产品在便利和满足区内供给的同时，也成为极具特色的旅游商品。此后，随着青稞产业化道路的日趋成熟，众多面向高原之外消费人群的青稞麦片、青稞挂面、青稞饼干等全新形态的青稞产品也被陆续推出，并走出高原，进入全国各地的商超货架。特别在近年来，青稞独特的营养价值和健康属性被越来越多的人群所了解，尤其是青稞中富含青稞 β- 葡聚糖、生育酚、γ- 氨基丁酸等成分对人体都是十分有益的，这样的特性更是受到了都市人群的格外关注。

青稞食品主要表现为以下三个方面。一是酿造青稞，包括青稞白酒、青稞红酒、青稞啤酒、青稞汁、青稞露等饮品；二是加工制品，包括青稞面粉、糌粑粉、青稞挂面、青稞营养粉、青稞馒头、青稞麦片、青稞饼干、青稞沙琪玛、青稞茶等；三是高附加值产品，包括青稞红曲、青稞苗麦绿素等营养保健品。其中青稞酒是青稞加工产品中最主要的流通产品，青海互助的青青稞酒为全国最大的青稞酒生产企业，年营业收入可达到 10 亿元以上。其次为青稞面粉，主要作为区域外加工企业的原料供给（图 4-5 至图 4-7）。

但是，面对不断增长的市场前景和新兴的消费人群，很多传统的青稞产品却显现出了隐藏的问题。由于缺乏精准的市场定位和符合当代消费习惯的推广模式，也未能与市场化需求紧密结合，初代青稞产品的附加值很难得到提升，青稞产业化也在全新的机遇面前陷入了发展的瓶颈。面对这样的现状，青藏高原地区作出了新的尝试和探索。以优质青稞的青稞产地为保障，在保证高品质原料的基础上，引进现代化工艺，并通过优选标准平台完善产品溯源体系，紧密结合市场需求，开发出了一系列精准定位，面向不同消费人群的新一代青稞产品，着力通过打造青稞不同类型产品，最大程度提升青稞产品附加值，带动产业高质发展。同时，重点推出功效性青稞粮食和食品，如青藏高原上的谷物水果麦片，就是针

糌粑

青麦仁

面条

青稞饼

图 4-5　青藏高原青稞传统食品

青稞挂面

青稞面粉

青稞若叶粉

青稞米

青稞泡面

青稞酒

图 4-6　青稞现代产品

（青海新丁香粮油、喜马拉青稞食品有限公司、互助青稞酒有限公司供图）

青稞种皮粉剂 – β – 葡聚糖　　　　　青稞草片 – γ – 氨基丁酸

图 4-7　青稞保健产品

对当代快节奏生活状态下，追求便捷但处于健康焦虑下的年轻人群打造的一款轻时尚风格的健康代餐产品。除作为人类的粮食外，青稞同时也是重要的粮饲兼用作物，秸秆被用来饲喂牲畜，在藏区畜牧业发展过程中起着重要的作用。高原地区因气温低且缺水，植物生长量较低，人工草地建设和优质饲草生产又滞后，而青稞秸秆具有柔软且适口性好的特点，收割时 20% 秸秆为绿色，收割后放在田间让青稞籽粒后熟，是优质的粗饲料，而青稞籽粒也可以磨成粉作为精饲料。此外，青稞还具有显著的生态保护功能，作为动物粮饲兼用作物的青稞，有效减轻了草地生态压力，对农牧业生态环境的保护意义很大。

青稞加工业在蓬勃发展，在青藏高原区域内很多地方已经形成了一二三产深度融合的青稞产业发展模式，青稞产业产值目前在 40 亿元左右，随着加工产业的发展，将来其产值将可以达到几百亿元。可以毫不夸张地说，青稞的多元化应用，在高原地区被无限开发，渗透在藏民族文化的各个方面，已成为藏区人民重要的精神图腾之一。选择青稞作为主要粮食作物是藏族先民对高原生态环境的适应机制，是富有智慧的选择；同时在加工食用方面的智慧，使得青稞成为了保障高原人民生存发展的重要作物。在未来，随着对青稞的研究越来越深入，其应用和开发，也将越来越多元，其也将造福越来越多的消费群体。

二、青稞消费

青稞是藏区种植面积最大的粮食作物，是藏族人民的基本口粮。其主要用途为种子、粮用、加工和饲料。食用是青稞最主要用途，作为藏族群众口粮，包括制成糌粑和加工成食品、青稞酒等。近年来，青稞食用消费约占总消费80%，其中直接食用约占70%、间接食用约占10%；青稞籽粒及秸秆也是畜牧业的重要饲料，饲用消费约占5%；其余15%用作种子和储备粮。其中西藏青稞作为种子用量占到青稞总产量的5.6%，粮用占青稞总产量34.4%，酿造和食品加工占47.5%，饲料占12.5%；青海青稞作为种子用量占到青稞总产量的10%，粮用占总产量的13%，酿造和加工占总量的60%，饲料占17%。与西藏相比，青海青稞作为粮用的消费比例低，而用于酿酒和食品加工的比例高，是全国藏区青稞加工转化率最高的省份，处于藏区领先地位，且青稞在国内消费量呈现平稳增长趋势，2014—2018年消费量分别为120万吨、124万吨、136万吨、136万吨和139万吨。

第四节　禾谷类杂粮品牌建设

一、谷子、高粱、青稞品牌发展现状

1. 谷子、高粱、青稞品牌建设取得初步成效

近几年，随着人们对谷子、高粱、青稞营养保健功能的认识，其产品市场需求逐步扩大，新建谷子、高粱、青稞加工企业快速增加，品牌建设起到了促进企业发展的作用，取得了初步成效。一是品牌注册显著增加。随着谷子、高粱、青稞产业的发展，经营者不断重视品牌效应，纷纷注册品牌。相关部门数据显示，品牌注册数量急剧增加，且品牌的地区分布主要集中在谷子、高粱、青稞主产地。二是地理标志保护从无到有。2003年以前，有关谷子、高粱、青稞的地理标志产品非常少，截止到2022年，全国谷子地理标志产品49个，高粱地理标志产品5个，青稞地理标志产品5个。

2. 谷子、高粱、青稞品牌建设模式

（1）自然资源开发整合利用模式

自然资源开发整合利用模式是指利用当地所独有的自然资源优势发展特色农

产品的模式。可通过地理保护标志认证、注册商标等方式创建品牌，可以辐射带动周围区域的生产者共享资源，扩大生产规模，提高生产效益，增强品牌力。例如，贵州仁怀糯高粱 80 万亩保护面积，有 10 多万农户从事糯高粱种植，并与企业签订了购销合同，形成订单生产模式；武安市利用谷子起源地和主产县优势，开展"政府＋科研＋企业＋合作社"模式发展谷子产业；阜城高粱从无到有、从生产到销售，逐渐形成了与酒厂签订订单生产、糯高粱抗蚜生防生产、加工、销售产业发展模式；青海贵南草业有限责任公司 9 万亩青稞绿色生产基地，专门从事青稞酒加工原料种植，并与青海省天佑德青稞酒厂签订购销合同，形成订单生产模式，助力"互助青稞酒"地理标识品牌的发展；西藏有机黑青稞、甘孜青稞、甘南青稞、门源青稞、玉树黑青稞等地理标志品牌涌现，辐射带动了周边生产者共享资源，扩大生产规模，提高生产效益，增强品牌力。

（2）历史文化融入模式

历史文化融入模式是将当地谷子、高粱、青稞悠久的历史文化底蕴融入产业生产链中。消费者在购买产品之时，也是在选择品牌的文化品位。企业在谷子、高粱、青稞产业品牌建设中，依托地方历史悠久、源远流长的文化底蕴，突出浓厚的人文、风土气息，丰富品牌的文化内涵，提升品牌价值。同时，利用多种途径，挖掘和宣传与谷子、高粱、青稞相关的历史文化，让消费者从更深更广的内涵上感受其价值，产生一种"我吃的不是谷子、高粱、青稞，吃的是一种文化"的感觉。例如，敖汉小米品牌已登录央视新闻频道，敖汉小米品牌估值约 113 亿元，沁州黄小米品牌估值 14.97 亿元，"四大名米"之一的蔚县桃花米、具有"中国小米之乡"称号的地理标志产品武安小米、行唐县龙兴庄村的龙兴贡米、南和的金米、青海省永安城文化遗址和浩门古城文化遗址附近的门源青稞，西藏自治区的喜马拉雅稀缺物种青稞基地岗巴、吐蕃王朝贡品青稞基地泽当、古格王朝贡品普兰青稞、历代达赖贡品尼木青稞、历代班禅贡品联乡青稞等。

（3）龙头企业带动模式

龙头企业带动模式主要依靠实力较强的企业发挥其龙头带动作用，通过不断技术创新，产品研发，以自身的品牌建设为核心，推行统一管理，辐射带动周边的基地和农户，从而保障产品的质量，提升产业效益。例如，阜星科技现代农业园区以生产、服务、加工、销售于一体的模式，种植阜城冀酿系列高粱 10 万亩，采用服务、回收、销售的模式，与酒厂签订订单，带动阜城高粱产业的发展。山西沁州黄小米集团有限公司采取订单生产模式，采用"五统一"管理模式，带动当地 5 万亩谷子的发展，促进农民增收。青海互助天佑德青稞酒股份有限公司采取订单生产模式，带动贵南县 9 万亩青稞的发展和促进种植户增收；青海新丁香粮油有限责任公司采取订单生产模式，带动青海省周边 20 万亩青稞的发展和促进种植户增收。

在品牌建设模式选择上，谷子、高粱、青稞产业应将三种模式相融合，以自然资源开发整合为主，历史文化融入和龙头企业带动为辅的模式选择，这样既能发挥我国资源丰富，历史文化丰厚的特点，又能体现出品牌建设要多方面整体推进的必要性。

二、谷子、高粱、青稞品牌建设 SWOT 分析

1. 谷子、高粱、青稞品牌建设的优势

（1）政策支持

在科技创新上，2008 年谷子、高粱、青稞被列入国家现代农业产业技术体系。上述作物的国家产业技术体系的建立为国内谷子、高粱、青稞科研机构提供了稳定的经费，稳定和壮大了科研队伍，为谷子、高粱、青稞产业的发展提供科技保障。2018—2020 年国家重点研发计划项目启动了"杂粮作物抗逆和品质形成与调控""杂粮作物核心资源遗传本底评价和深度解析""禾谷类杂粮品种筛选提质增效及配套栽培技术""杂粮产业链一体化示范"等项目，把谷子、高粱、青稞列入项目支持。在产业发展上，2012 年农业部首次把谷子纳入高产创建。地方上，河北省及一些谷子主产区把谷子纳入良种补贴，对谷子企业进行了扶持，促进了谷子产业发展。镰刀弯、两减背景下，河北省采取黑龙港区域限水、季节性休耕等政策，这些政策的实施有利于谷子、高粱产业的发展，在资金、技术、人才、信息等方面提供保障，提高了其竞争优势。青海省和西藏自治区人民政府陆续出台《牦牛青稞产业发展三年行动计划》《关于加快促进乡村产业振兴步伐的实施意见》等政策，聚焦青稞，打造高原特色和绿色有机农产品品牌，健全标准体系。《青海"十四五"规划和 2035 远景目标》中明确提出要推动青稞等优势产业全产业链发展。《西藏"十四五"规划和 2035 远景目标》中指出提高农牧业市场竞争力，高标准建设青稞等特色农畜产品生产基地，稳定青稞播种面积。2018 年青海省政府办公厅印发了《牦牛青稞产业三年行动计划（2018—2020 年）》，从青稞原良种繁育、青稞精深加工，品牌创建、生产加工标准制定等方面给予政策资金支持。2020 年青海省委省政府出台

《关于加快青海省青稞产业发展的实施意见》，推进青海省青稞产业发展的具体政策措施和青稞产业经济总量翻一番的发展目标，从高度组织化入手，整合资源和力量，夯实青稞产业发展基础，进一步推动青稞产业迈入中高端。青海省农业农村厅先后制定了《2018—2020年青海省青稞产业发展三年行动计划》和《2021—2023年青海省青稞产业发展三年行动计划》，并积极引导企业建立青稞产业联盟，组织召开产业高峰论坛，依托联盟开展融资合作，等等，为青稞产业发展提供了有力保障。

（2）市场潜力大

谷子、高粱、青稞在营养、健康保健等方面，功能强大，同时谷子、高粱、青稞还具有一定的药用价值，这些保健和食疗方面的功效正在逐步被人们重新认识。随着人们生活水平提高和保健意识的增强，消费者对营养健康的杂粮认知水平逐步提高，消费意愿逐步增强，谷子、高粱、青稞产品的国内消费市场呈扩大趋势。

2. 谷子、高粱、青稞品牌建设的劣势

（1）谷子、高粱、青稞产品附加值低、品牌创建动力不足

谷子、高粱、青稞作为特色产业，产品附加价值未能充分挖掘。企业要创建自己的品牌，首先是该产品要有独特性、排他性、差异性或显著的地理区域性，要让消费者便于和其他同类产品相区分。由于消费者选择日渐多样化，需要市场产品结构多元化，但当前大多数谷子、高粱、青稞产品仍以初级产品为主，产品层次较低，附加值不高，产业链条不长，难以满足日益多元化的消费需求，导致市场疲软，缺乏品牌创建的动力。

（2）营销理念落后，增加品牌创建难度

谷子、高粱、青稞加工企业普遍存在着作坊式经营、家族式管理，营销意识淡薄，营销手段匮乏。许多企业和农户几乎没有考虑市场需求，只按习惯和经验生产。在营销方面，多数企业都把宣传重点放在产品是否通过绿色食品或有机食品认证，而较少宣传产品的生产质量安全问题。

（3）组织化程度低、经营分散造成品牌意识差

谷子、高粱、青稞与其他大作物相比，存在着生产经营分散、产业化水平低、带动能力弱、规模经济效益低、无品牌建设意识等问题。因此，品牌创建的主体实力与数量均不足，创建与整合速度缓慢，创品意识淡薄，严重制约了谷子、高粱、青稞产业品牌的培育与长远发展。

3. 谷子、高粱、青稞品牌建设的机遇

（1）国际形势发展机遇

2009 年以来，全球饥饿、营养不良人口已超过 10 亿人，主要分布在亚太、非洲、拉丁美洲等贫瘠、干旱地区。一些撒哈拉以南的非洲国家，如布隆迪和马达加斯加等，由于缺乏必要的营养，大约有一半的儿童生长发育迟缓。谷子、高粱、青稞作物营养丰富且均衡，无疑是应对营养不良和饥饿的保障食品。谷子等杂粮可以作为应对全球干旱、营养不良背景下的重要战略作物，在国际上特别是亚非拉地区有广阔的市场前景以及发展机遇。联合国粮农组织将 2023 年定为国际小米年，目的就是为了引起社会各界重视小粒旱地作物在气候变暖、生物多样性、农户增收、营养方面的作用，谷子等杂粮作为健康、营养食品出口亚非拉地区，必将拉动谷子、高粱、青稞在全球的消费和生产。

（2）膳食结构调整机遇

时下消费者对食品的需求正在向营养、健康方向转变。近 20 年来，随着人们膳食结构及生活方式的改变，作为主食的谷子、高粱、青稞日益从餐桌上减少，内地居民膳食纤维摄取量逐年下降，肥胖、高血压与糖尿病等慢性病发生率持续上升，仅糖尿病人就达上亿人。新版《中国居民膳食指南》制定的健康膳食原则是"食物多样、谷类为主、粗细搭配"。随着人们保健意识的增强，膳食结构的调整，城市居民对谷子、高粱、青稞的需求量会逐年增加。所以，谷子、高粱、青稞会越来越成为人们餐桌的必备食品，甚至成为高档餐厅的特色产品，绿色、优质谷子、高粱、青稞品牌的市场前景广阔。

4. 谷子、高粱、青稞品牌建设面临的挑战

从 20 世纪 90 年代开始，谷子、高粱、青稞加工业逐渐恢复增长。随着农产品加工业的快速发展，一批规模化、集团化的谷子、高粱、青稞加工龙头企业和知名品牌开始涌现出来。经过近几年的快速发展，都取得了明显成效，但是农产品品牌建设依然存在着许多挑战。首先，初加工产品满足不了消费者的需求，影响了品牌的声誉；其次，谷子、高粱、青稞加工企业规模小、分散，生产能力弱，效益低，缺乏资金进行建设品牌和品牌宣传；再次，随着人民生活质量的提高，消费者对谷子、高粱、青稞的需求越来越大，各种各样的品牌充斥着市场，对谷子、高粱、青稞市场产生了强大的冲击力；最后，谷子、高粱、青稞作物科研投入不足，影响了新品种、新技术的创新与推广，少数农户还在种植多年前的无名自留种，谷子、高粱、青稞产品质量不能保证，影响了品牌建设的效果。

三、实施谷子、高粱、青稞品牌建设的必要性

1. 发展谷子、高粱、青稞品牌建设的必要性

（1）市场化条件下提高竞争力的内在要求

多年来，谷子、高粱、青稞大都以"原始"形象示人，以初级产品为主。随着谷子、高粱、青稞市场化程度的加深，消费需求不断变化，人们开始更多地关注谷子、高粱、青稞的品牌、档次、特色、包装、内涵等。谷子、高粱、青稞的市场竞争已由过去数量之争、价格之争转化为质量之争、品牌之争。在市场经济里，品牌是建立产品差异化竞争优势的工具，是生产者与消费者有效沟通的桥梁，是引领整个行业和产业发展的火车头，其地位至关重要。因此，加快谷子、高粱、青稞产业品牌建设满足消费者的需要，是谷子、高粱、青稞参与市场竞争的内在要求。

（2）提高农产品综合效益的客观需要

无论是农民、企业还是地方政府，生产、经营、推广农产品的初衷都是为了获得一定的经济效益和声誉。建设一批享有知名度的谷子、高粱、青稞品牌，无疑是提高我国谷子、高粱、青稞产业综合效益的最佳选择。第一，品牌是一种高效的广告手段，它提高了谷子、高粱、青稞的曝光率、知名度、美誉度和市场竞争力，吸引消费者眼球，从而在消费中促成其购买行动，无形中提高了谷子、高粱、青稞的经济效益。第二，谷子、高粱、青稞品牌在自身成长的同时也承担了社会责任，以发展反哺社会。如促进地方增收、提升地方知名度、拓宽就业渠道、推动农业科技创新等，形成了良好的社会效益。第三，谷子、高粱、青稞品牌的建设，形成一整套紧密相连的产业链，使谷子、高粱、青稞生产、加工、销售等各个环节有效衔接，满足各利益主体相应的利益需求。

（3）降低消费者选择成本的外在需要

由于谷子、高粱、青稞品类繁多，消费者面临的可选择信息越来越多。消费者想获取某类产品相关信息需要一定的时间成本和信息成本。品牌作为产品的形象代言，其基本特征和所代表的信息相对固定，可以将企业经营者理念和产品相关信息更好地传播给受众。消费者利用品牌进行信息收集，择优决策，大大降低了选择成本。加强谷子、高粱、青稞品牌建设，可以降低消费者的选择成本，并使消费者形成稳定的品牌忠诚度。

（4）增加企业利润，提高企业美誉度的需要

品牌承载着生产者对产品质量的承诺，容易使消费者产生信任度和追随度，形成品牌美誉度，从而降低产品推介成本。品牌产品的价格一定高于均衡价格，为企业带来超额利润。品牌是企业的无形资产，拥有品牌就拥有市场。加强谷子、高粱、青稞品牌建设，可以提高产品认知度，占据更多的产品市场，增加企业利润，推动企业良性发展。

（5）增强农户可持续增收能力的本质需要

一旦有了品牌，就会对生产产生带动和辐射作用，就有了强有力的市场竞争力，产品销量将得到提升，从而也解决了"卖粮难"问题。同时，可提升生产者的信心，促进"公司＋农户"订单模式的良性互动。同时，"品牌联盟"的形成将有力提升"专业合作社＋龙头企业＋农户"或"龙头企业＋专业合作社＋农户"的合作组织水平，带动、辐射、提升整个谷子产业发展的专业化和组织化水平，保持农民持续增收。

2. 发展谷子、高粱、青稞品牌建设的意义

（1）提高产品附加价值

高知名度的谷子、高粱、青稞品牌具有增值效应。现代社会，以高知名度品牌为时尚，追求高知名度品牌商品消费的潮流已经兴起。与其说是商品给生产经营者带来财富，倒不如说是品牌的知名度给他们带来了财富。高知名度品牌满足了消费者心理和生理多方面的需求，迎合了人们的求名偏好。高知名度品牌能给生产经营者带来财富，就是因为它们比同行业、同类商品的其他品牌更有名气。不少人心甘情愿地将"名声费"付给他们喜欢、渴求或向往的高知名度品牌商品，以奖赏品牌创造者因奋斗、冒险而获得的名声。这也是品牌刺激人们购买的一个原因。基于这一动因，实施谷子、高粱、青稞产业品牌化战略，可促使谷子、高粱、青稞生产者和经营者不断在创高知名度品牌上下功夫，以便获取或增加高知名度品牌的附加值。

（2）提高市场竞争力和整体竞争力

实施谷子、高粱、青稞产业品牌化，可以形成较好的市场机制。由于谷子、高粱、青稞生产规模小、成本高，在这样的形势背景下，实施谷子、高粱、青稞产业品牌化，明确主要目标市场，确定发展思路，集中力量进行重点培育，发挥品牌效应，尽快形成一批具有竞争力的优势谷子、高粱、青稞品牌。实施产业品牌化，树立品牌信誉，在市场上创名牌、保名牌，有利于提高农业和农村经济的

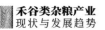

整体竞争力，促进农业和农村经济的发展。

（3）有利于挖掘谷子、高粱、青稞品牌丰富的文化内涵

谷子、高粱、青稞品牌的命名也凝结着生产者或经营者的追求，品牌主题成为这些企业的象征，构成这些企业文化的组成部分。实施谷子、高粱、青稞品牌化战略，培育品牌的企业文化、区域文化、挖掘谷子、高粱、青稞品牌丰富的文化内涵，这些都反映了品牌诞生所应具备的一般条件和形成名牌的规律。

四、加快谷子、高粱、青稞产业品牌建设的措施

目前，谷子、高粱、青稞品牌建设推进工作取得了一定成效，商标注册量与地理保护标志量均有不同程度增长，但绝大部分产品并没有成为品牌、名牌，少许仅仅是区域性小品牌，全国知名的品牌屈指可数。因此，为创建谷子、高粱、青稞品牌，必须通过科技化、标准化、组织化、市场化、规模化等手段，把谷子、高粱、青稞产业的品牌做大、做强。

1. 提升谷子、高粱、青稞品牌建设水平关键是科技化

近年来，受健康膳食的影响，谷子、高粱、青稞产业快速发展。但目前产业化开发品种主要是农家种、育成老品种。今后的科技创新应针对产业发展，尽快培育出一批综合性状的新品种，并以高效绿色机械化生产技术支撑产业发展。同时，充分利用国家重点研发、地方重点研发等各级各类项目，发挥示范基地的试验、示范和带动作用，培训一批基层农技人员，用科技化提升谷子、高粱、青稞品质，为品牌建设提供支撑。

2. 规范谷子、高粱、青稞品牌建设重点是标准化

标准化事关谷子、高粱、青稞品牌建设的成功与否。为促进谷子、高粱、青稞产业品牌建设，需要研究和建立谷子、高粱、青稞产业发展的标准体系；加快研究和建立谷子、高粱、青稞质量标准体系，积极制定质量标准和安全优质生产技术规程，形成国家、行业和地方标准相配套的标准体系来保障产品质量和安全性。

3. 服务谷子、高粱、青稞品牌建设保障是组织化

为了谷子、高粱、青稞产业品牌创建的长远发展，必须提高产业的组织化服务水平。加大对谷子、高粱、青稞产业合作经营组织的支持力度，通过实施一系列组织化建设，创建名优品牌和扩大市场销售。设立专项资金，扶持合作社组织和龙头企业的发展；鼓励新种植区农户组建乡村专业协会、专业合作社等合作经

济组织。通过合作组织的带动，种植户可以采取新技术、新管理等措施，来满足市场发展的要求；随着合作组织的做大、做强以及对市场的不断开拓，品牌的影响力也会不断增强。

4. 指引谷子、高粱、青稞品牌建设方向的途径是市场化

在创建谷子、高粱、青稞品牌建设中，始终要把着眼点放在培育市场上。各级政府要建立信息服务平台，让农户及时掌握市场动态，依靠市场信息指导生产，使生产的谷子、高粱、青稞适销对路、产销衔接，最大限度地降低市场风险。同时大力发展多种销售模式，减少中间流通环节，降低流通成本，在扩大销售和农民增收方面发挥作用。

5. 壮大谷子、高粱、青稞品牌建设的目标是规模化

谷子、高粱、青稞产业正由小规模生产、分散化经营向规模化、区域化、集中化方向转变。谷子、高粱、青稞种植规模化是发展现代农业产业的重要内容。通过扩大生产经营规模，实现经营成本下降，收益上升，达到效益的最大化。因此，必须加快土地使用权的流转，培育新型经营主体，为谷子、高粱、青稞产业规模化和品牌化发展创造条件。

6. 培育扶持龙头企业带动品牌建设

品牌建设与产业化是相辅相成的，没有雄厚的产业基础，就不可能有规模，没有知名品牌建设，产业化也不可能做大做强。根据我国谷子、高粱、青稞产业发展特点，当前必须着力培育、打造一批带动力强的龙头企业，在产业内发挥引领作用，鼓励龙头企业建设专业合作社，引导企业和农户之间建立稳定的产销合同和服务契约，从而保障小生产与大市场的有效衔接，切实推动谷子、高粱、青稞产业和品牌的发展。

7. 加大宣传力度提升品牌价值

与大宗作物的营销相比较，谷子、高粱、青稞相关产品的品牌建设相对落后，营销力度较弱，品牌的拥有者应该予以重视。为提升市场对谷子、高粱、青稞品牌、产品的认知度和美誉度，树立与巩固品牌形象和主导市场地位，生产企业必须要树立品牌观念，增强品牌自有宣传能力，使谷子、高粱、青稞产品从"低端"走向"高端"；在超市要开设营销专柜，包装要符合现代人"少而精致"的消费观念，产品量上要做到"少而精"；在宣传方面，重点突出谷子、高粱、青稞产品营养平衡丰富的消费理念，以此增强消费者对该类产品的消费意识，扩大市场销路；为进一步提升企业的综合竞争力，企业要充分认识到良好的企业品

牌形象，更容易受到消费者的青睐，从而更能提升品牌的自身价值，提高市场占有率。

8. 挖掘产业文化内涵塑造品牌形象

谷子、高粱、青稞作物在是历史长河中积累下来的，文化底蕴非常丰富。各地方在对区域谷子、高粱、青稞品牌文化进行挖掘时，必须全面了解该区域内的历史文化以及与之有关的历史和文化事件。如武安磁山文化遗址是谷子的起源地，蔚县桃花米是古代宫廷的贡米，文成公主与青稞的故事。只有形成产品的差异化，才能吸引不同消费者的消费偏好。区域谷子、高粱、青稞品牌建设是一个长期、系统的工程，需要各方面的力量来共同参与。

第五章　中国禾谷类杂粮文化与产业。

第一节　谷子文化与产业

我国是世界四大文明古国之一，也是全球最大的农作物起源中心之一，现今许多种农作物都是我国劳动人民最早从野生植物中经过不断驯化培育而成。根据考古发现，我国先民早在新石器时代早期就已经开始驯化种植了粟和稻。粟又被称为谷子，脱壳后叫小米，是由一种野生的狗尾草驯化而来。粟位居五谷之首，被誉为中华民族的哺育作物。研究人员从考古、遗传以及文字方面都证明粟起源于我国，曾经是我国劳动人民主要的粮食作物。江山社稷中的"稷"就来源于谷子，进而代指主管粮食丰歉的谷神。围绕粟的生产、加工、食用以及衍生出的民俗、精神等形成了我国传统粟作文化。

一、我国传统粟文化

粟文化发祥于我国并主要呈现在黄河流域。其与南方的稻文化一起构成了中国传统农耕文化的主体，制约着民众的观念，规范着民众的行为，其辐射范围甚至延伸到周边国家和地区。我国出土粟遗迹多达 60 余处，主要分布在黄河流域，距今 3 000~10 000 年。传统粟作农业萌芽于夏、商、周，起步于春秋战国时期，至秦汉时期趋于成熟定型，到隋唐时期步入辉煌。明、清之后，粟类作物的主粮地位逐渐被小麦、玉米等外来物种所替代，20 世纪 50 年代初期，我国谷子播种面积在 1.5 亿多亩，在我国北方仍是主要粮食作物。谷子具有耗水少、抗旱耐瘠、营养丰富均衡、药食同源、粮饲兼用、农耕文明深厚等特点，在当前健康中国战略、乡村振兴战略的背景下，这种传统作物衍生出新产业、新业态，正在成为主产区脱贫攻坚、乡村旅游、生态修复的特色产业并焕发青春。一碗母亲熬的小米粥不知是多少游子与海外华人的儿时记忆与思不尽的乡愁。保护、传承和弘扬传统粟作文化，不仅在维系作物多样性、改善和保护生态环境、促进资源持续利用、提升人们健康水平、传承民族文化方面具有重要价值，还在保持和传承民族特色、地方特色、传统特色，丰富文化生活与促进社会和谐等方面发挥着十分重要的作用。

（一）粟品种与种质资源

我国栽培的谷子是由青狗尾草人工驯化而来。中华先民发现了狗尾草的天然变异现象，进而选择具有"穗大、不落粒、分蘖少"等对人类有利变异的个体进行特殊培育，将这些优良性状稳定传递下去。我国古代人民早就观察到粟品种特性的差异，对粟的生长发育、遗传变异与环境条件的关系逐步加深认识，品种选育经历了由粒选到穗选，再到混合选种和建立"留种田"，以及单株选择法等阶段，培育出了异彩纷呈的优良品种。从品质上区分有糯性与粳性、味美与味恶；从颜色上区分有黑色、黄色、绿色；从生长期方面区分有长、中、短期等。目前全世界谷子种质资源共 39 320 份，其中中国有 27 690 份，占全球总量的 71%。中国的谷子资源中农家品种占 97.5%，育成品种仅占 2.5%。谷子农家品种是劳动人民在长期的栽培种植过程中经过人工选择保存下来的品种，具有优质、稳产、抗逆性强的特点，其中黄金苗、东方亮、黄八叉、大白谷、阴天旱等农家品种至今仍在内蒙古、山西、河北和山东等部分地区种植。

（二）粟栽培管理

我国劳动人民经过长期生产实践，在撂荒耕作、轮作复种、间作套种、充分用地等不同条件下，因地、因时、因物制宜，形成了"耕、耙、耱、压、锄"相结合与以防旱保墒为目的的旱作技术体系，其中以粟为主的内蒙古赤峰市敖汉旗旱作农业系统、河北省邯郸市涉县梯田系统为典型代表。2012 年 8 月 18 日，联合国粮农组织批准敖汉旗旱作农业系统为全球重要农业文化遗产暨"世界旱作农业发源地"，成为全球 18 个农业文化遗产地之一；2013 年，敖汉旗成为第一批中国重要农业文化遗产。2014 年，涉县旱作梯田系统被农业部批准为第二批中国重要农业文化遗产；2022 年被联合国粮农组织批准为全球农业重要文化遗产。

敖汉旗历史悠久，有着古老的农耕文明，敖汉旗兴隆沟发掘的碳化粟（谷子）距今已有 8 000 年的历史，境内发掘出"小河西文化""兴隆洼文化""赵宝沟文化"等古遗址 4 000 余处，且未出现断层，文化序列完整。遗址中都发现了与旱作农业相关的生产工具，有锄形器、铲形器、刀、磨盘、磨棒、斧形器等，见证了敖汉旗的农业起源和农业发展历程。敖汉旗处于中温带干旱半干旱地区，年降水量在 310~460 毫米。敖汉旗坡地多、雨水少，形成了以谷子为主，黍子、荞麦、高粱、玉米、豆类为辅的旱作农业系统。因为山地多，现代化机械设备难以施展，农业耕作仍然以驴犁为主。敖汉旗也是全国养驴大县，全旗驴存栏 30 万头，谷子收获后谷草、谷糠为驴提供优质饲料，驴为谷子耕种提供动力，驴粪还田为土壤提供有机质，形成旱作循环农业系统。当地在每年 5 月到来前种植谷子，6 月种植黍子，7 月种植生长期更短的荞麦，形成轮作间作的种植体系，促进作物多样性。历经数千年，敖汉旗谷子基因变化不大，原因在于自留种，最著名的农家品种当属黄金苗，该品种适口性极佳，米色金黄，目前仍在大面积种植。

涉县旱作梯田系统位于晋、冀、豫三省交界处，地处太行山石灰岩深山区，年降水量 500 毫米左右，"山高坡陡、石厚土薄""十年九旱、降水不均"是那里的典型特征。距涉县 40 千米的磁山是太行山粟的起源地，磁山遗址出土了距今 8 700 多年的炭化粟，出土的粟灰达 5 万千克左右，数量惊人；出土的工具按生产工具（石铲石斧等）、脱粒工具（石磨盘、石棒等）、炊具（陶盂支架等）分组分类放置，摆放的次序非常明显，这在国内其他新石器遗址中罕见。涉县梯田起源于公元前 514 年战国时期，分布于广袤的深山区，总面积 26.8 万亩。其中，最具规模的梯田位于井店镇王金庄，面积 1.2 万亩，分为 5 万余块，土层厚不足 0.5 米，薄的仅 0.2 米，石堰长度近万华里，高低落差近 500 米。在如此恶劣的自然条件下，当地山民一代代在此繁衍生息。1990 年，涉县旱作梯田被联合国世界粮食计划署专家称为"世界一大奇迹""中国第二长城"。当地依山而建的石头梯田，既是生产工具又是运输工具还是有机物转化工具的毛驴，随处可见的集雨水窖和散落田间的石屋，形成了"石头、梯田、毛驴、作物、村民""五位一体"可持续发展的旱作梯田农业系统。涉县梯田种植作物以抗旱性强的谷子为主，辅以花椒、黑枣、玉米、杂豆、马铃薯、南瓜、豆角等作物，各类瓜果点缀在万亩梯田里，呈现出春华秋实的壮丽景象和震撼人心的大地艺术。涉县旱作梯田系统的传统农耕方式是保持当地 2 000 多年农业可持续发展的重要因素之一。农民在每年冬天将驴粪按 3~5 米的距离堆成小堆，然后用一层薄土覆盖，来年春天再将其均匀撒在地里。施农家肥的谷子不易染病，一般不需要喷洒农药。同时，通过深耕、细耙、勤锄等手段不仅可以减少土壤水分蒸发，提高抗旱能力，而且还可以改善小米的品质。涉县人民最大限度地向梯田要粮，他们采用的办法是在收获时间上错落延长收获期限，从种植时间上区隔减弱生态限制，在生长空间上交叉增加作物多样性，并避免使用农药化肥，这些做法都是保证传统农业可持续发展的前提。

（三）粟加工、贮藏与食用

粟谷籽粒有坚实的外壳，防潮、防蛀且极耐贮藏，在低温干燥、通风良好的环境下，贮藏 20 年以上也不会霉变。涉县王金庄贮藏 30 年的谷子随处可见。三年困难时期，王金庄还帮助了因饥荒逃难而来的人。粟谷脱壳去皮方能制作成各种各样的食品，古人在长期的生产实践中，发明、创造出了多种加工工具和方式，为粟谷有效利用提供技术保障。粟谷脱壳后就是我们熟悉的小米，其质优味美，除了可以用来焖饭、煮粥等，还可以制成各种干粮，也可以酿酒做醋。小米富含蛋白质、脂肪和碳水化合物，以及人体必需的维生素、矿物质和膳食纤维。小米粥有"代参汤"之称，极易消化吸收，是病人、孕妇、产妇廉价的营养品。王金庄村土地分散距离村庄较远，村民披星戴月地去地里干活，为了节省时间，中午就在田地里野炊，经年累月逐渐形成传统。那里随处可见野炊灶台，最常见的就小米焖饭，加南瓜、马铃薯、豆角等。农闲时节一到饭点，村民们端着大海碗蹲在家门口一边吃小米焖饭一边和邻居唠嗑，形成了一道独特的风景。

（四）历经万年的粟作过程

长期以来，我国形成了大量与粟作相关的民俗、传说和农谚，是粟作文化的精髓。过年是中国人最重要且与粟密切相关的习俗。甲骨文"年"字，上面为"禾"，下面为"人"，是"一个人背负着成熟谷子"的形象。东汉许慎编著的《说文解字》中"年，谷熟也"，意思是谷子成熟一次，便是一年。祭星为敖汉旗四家子镇青城寺所独有，每年正月初八晚，以蒙古族为主的群众自发来到青城寺，祭祀星宿，以求来年风调雨顺，谷子有个好收成。关于粟的典故传说有很多，比如天雨粟、谷雨节、毛南族"放鸟飞"习俗，以及黄粱一梦、斗粟尺布、辞金受粟，等等。伴随着粟作的发展，中国人制定了二十四节气，用来指导农事。谷雨，是二十四节气之六、春季的最后一个节气，其寓意"雨生百谷"，此时降水明显增加，田中的秧苗初插、作物新种，最需要雨水的滋润，正所谓"春雨贵如油"。

除食用功能之外，粟在古代社会充当着多重角色，它是财富的象征，曾长期作为实物地租、实物货币和俸禄，是备荒救荒的首选作物和军粮之首，也是拓展疆土的主要作物。累黍法还曾作为度量衡的重要依据。由于粟作关系到国计民生以及社会的稳定，于是产生了传统的农本观念，促进了中国几千年来重农政策的形成与发展。古代统治者大多采取勤耕积粟、贱金贵粟、阻止粟外流等政策措施，体现出重农贵粟的指导思想。周代以来沿袭至今的稷祀行为，起到了宣传礼制、稳定社会秩序的作用。

然而，由于古代生产力水平低下，加之封建统治者的残酷剥削，广大贫苦人民对于粟税多有怨责。在民间，由于粟种植、收获比较烦琐，在农忙时节村民自发形成了互助关系奠定了传统乡村社会的基础。就社会价值而言，粟作文化的基本内核可以称为"谷子精神"。谷子精神是数千年来积淀下来的民族精神，具有自强不息、厚德载物等特质。当今我国黄河流域、台湾高山族生活区域等地，粟作文化在民众日常生活和精神生活中仍发挥着重要影响。对粟作文化特别是谷子精神的倡导，有利于弥合传统文化与现代性的裂缝，夯实和谐社会的文化基础，有助于重塑国民健康的精神风貌。

二、粟文化促进产业发展路径

谷子作为中华民族的哺育作物、红色作物、几千年的主栽作物，具有其他作物无可比拟的文化内涵。走中国特色社会主义乡村振兴道路，传承发展提升农耕文明，走乡村文化兴盛之路已成为共识。乡村振兴给振兴谷子产业带来重大机遇，应采取文化与科技双轮驱动策略，即从传统粟文化的挖掘与宣传入手，运用现代科技，促进谷子产业技术创新、产后加工增值，培育和扩大消费需求，促进产业可持续发展。这既是发展现代农业的需要，又是实现文化大繁荣大发展、提升中华民族软实力的需要。

（一）将传统粟作遗产作为科技创新的宝贵资源

我国谷子农家品种资源是世界上最丰富的，目前中国农业科学院国家种质库保存了 27 000 多份材料，其中有不少品质优良甚至名贵的品种，比如"十石准""压塌车""媳妇笑"等高产类型；"气死风""水里站""不死苗"等抗逆类型；"六十天还仓""楼里秀谷""六月鲜谷"等特早熟适于救灾的品种；味道香美的"十里香谷"（安阳）、"玉子青谷"、米色洁白的"馍馍谷""羊毛糯酒谷""乌黑金""干捞饭"等优质专用类型等。对谷子农家品种进行系统搜集整理，对蛋白质、脂肪、维生素、微量元素等营养元素，抗旱、抗病、抗虫等抗逆性等进行鉴定评价，构建核心种质，利用现代分子生物技术开展育种攻关，培育优质型、高产型、加工专用型、抗旱型、抗除草剂等不同类型的谷子新品种，为谷子产业发展提供品种支撑。此外，《吕氏春秋》《氾胜之书》《齐民要术》等古代农书对粟的种植有着详细科学的描述，其中许多认识领先于世界。如北魏贾思勰对选用良种和良种繁育技术进行了全面系统的总结。他对苗秆和产量以及产量和品质之间的关联有着深入细致的观察与研究，许多描述与现代育种学、栽培学对于矮秆或半矮秆品种与高秆品种之比较观察几乎完全一致。应组织力量对农学典籍中的粟作栽培进行系统整理，鼓励农学与人文社会科学相结合的交叉研究，为谷子科研的开展提供有益的启示和可行方向。

（二）开展文化营销，拉动谷子消费

近年来，受农业供给侧结构性改革、发展特色产业等政策支持影响，我国谷子面积有了恢复性增长。但是，我国谷子市场波动加剧，种植大户卖粮难不时出现，谷子种植效益难以保证，这也表明我国谷子消费需求有限，成为制约谷子产业发展的瓶颈。课题组通过城市人群、年轻群体小米消费影响因素研究表明，学历对是否愿意消费小米有显著的正向影响，说明受教育水平越高，越愿意消费小米，对谷子历史文化、营养保健了解越多，消费意愿越强，90%的年轻群体愿意接受传统文化。该项研究也表明，我国目前对谷子历史文化、营养保健的挖掘不够、宣传不强，制约了谷子消费需求的扩大。应从以下几方面加强：一是借鉴韩国"身土不二"的宣传经验，应将粟文化提高到国家软实力的高度来重视，在中小学教材中增添有关粟文化的内容，通过广播电视等渠道加强对小米营养、保健知识的科普宣传，赋予小米以健康食品、民族文化等符号意义，着力培养年轻一代对小米的情感与偏好。二是餐饮企业可以仿效日本的粟饼屋，通过对餐具、环境氛围的打造，并利用传统技艺、食俗、节庆等文化资源，充分彰显粟文化特质，吸引那些对粟文化情有独钟的忠诚消费者。三是大力发掘传统饮食文化宝库，通过加工技艺的改良创新，推动小米主食化，是实现粟文化与谷子产业良性互动的必由之路。四是我国文学作品、民间故事、轶文轶事、民风民俗等资源中蕴含着丰富的粟文化内涵，小米食品企业应进行广泛深入挖掘，开展全方位、多角度的文化活动，最大程度地满足消费者文化、审美、心理、娱乐的多种需求。

（三）融入地域文化，强化地理标志保护

我国的谷子主产区大多也是粟文化底蕴深厚的地区，当地政府应从战略高度做好粟文化的宣传，通过原产地品牌保护、名优品种开发等途径，实现谷子产业与区域文化形象互动发展。地理标志是基于原产地的自然条件和世代劳动者的集体智慧而形成，是一项重要的知识产权。地理标志保护产品，指产自特定地域，所具有的质量、声誉或其他特性取决于该产地的自然因素和人文因素，经审核批准以地理名称进行命名的产品。通过原产地域保护的农产品，既能严格保持其生物学特性、当地自然生态和历史人文因素，促进标准化生产、品牌化发展，又能让具备资格的企业共享这种品牌资源。

（四）举办以粟文化为主题的会展节庆活动和研讨会

农业节庆活动和研讨会可以动态地、全方位地、集中地宣传造势，是弘扬和传播粟文化的有效手段。例如，优质的米脂小米曾因市场营销乏术，导致产量和价格上不去。2006 年和 2007 年杨凌农高会上，米脂县科技局安排了"米脂婆姨推销米脂小米"的现场宣传活动，米脂小米一度脱销，这就是文化与市场相对接的范例。内蒙古敖汉旗政府充分挖掘 8 000 年谷子文化，邀请国内外有关谷子考古、文化、科研等方面的专家连续组织召开了 9 次世界小米起源大会，极大地宣传和挖掘敖汉小米文化，充分和"全球重要农业文化遗产""生态环境全球 500 佳"这两个世界级品牌结合，打造敖汉旗谷子产业，并取得了显著成效。

（五）选择优势农业园区，打造生态、文化、休闲产业发展样板，带动谷子产业发展

选择有历史、有文化、自然禀赋优越的谷子产业园区，建设集种植、加工、科研、示范、文化、休闲、旅游等于一体的产业示范园，将谷子生态景观、生产基地、加工观光、农事体验、科普教育、创意农业及礼仪习俗等融为一体，促进一二三产融合发展，从而带动谷子产业发展。

近年来，在市场拉动、政府推动、绿色发展需求下，新型经营主体发展谷子产业积极性提高，中国谷子种植面积逐步回升，产业规模不断扩大，正在形成一批区域公用品牌，敖汉小米广告登录中央电视台，谷子特色产业呈现强劲的发展势头。在当前我国深入推进乡村振兴战略、健康中国战略以及农业供给侧结构性改革的背景下，继承和弘扬传统粟作文化，以粟作文化推动谷子产业具有重要意义。

第二节　高粱文化与产业

我国高粱栽培历史悠久，高粱文化与产业传承伴随着华夏文明生生不息。首先，众所周知，高粱是白酒的优异原料，中国的优质白酒基本上都是以高粱为原料酿制的，茅台、五粮液、郎酒、汾酒、泸州老窖、西凤等众多名酒的主要原料均是高粱。中国白酒的年产量约 90 亿升，若全部以高粱为主要原料酿制，年需高粱约 1 800 万吨，目前，中国高粱年产量约 300 万吨，仅为年需要量的 1/6，因此，酒用高粱市场需求强劲。其次，作为饲料，高粱籽粒对畜禽防病效果明显，对育肥猪牛等可以增加瘦肉率，有利于防病治病，有利于有机食品生产，有利于人民健康；甜高粱做青贮饲料，草高粱做青饲料。最后，发展食用和深加工食品，吃高粱有利于健康和减少疾病，对抑制三高、减肥都有明显效果。

一、高粱酒文化

中国是一个有着悠久历史文化的国家，也是一个以盛产酒而闻名遐迩的国家。一杯酒，一个丰韵的故事，在斟满灵魂的杯中，早已沁润到中国人的骨子里。从曹孟德"何以解忧，唯有杜康"的慨当以慷，到陶渊明"欢言酌春酒，摘我园中蔬"的田园淡泊；从李白"长剑一杯酒，男儿方寸心"的酣畅豪迈，到苏轼"明月几时有，把酒问青天"的千里婵娟……一路走来，千帆过尽处看淡了江湖烟雨，刀光剑影里一笑泯恩仇，漫漫数千年参透云与月。一杯酒，就是一个江湖，一段风霜雪雨的故事，一个人一生的血与泪的凝聚。而这些早已渗透在中国人的血液中。

高粱白酒以其色、香、味的不同风格而闻名，八大高粱名白酒各具风味和特色。名酒的优良酒质绵而不烈，刺激而平缓，具有甜、酸、苦、辣、香五味调和的绝妙，具有浓（浓郁、浓厚）、醇（醇滑、绵柔）、甜（回甜、留甘）、净（纯净、无杂味）、长（回味悠长、香味持久）等特色。名白酒主要香型有酱香、清香、浓香。酱香型白酒的特点是酱香突出，优雅细腻，酒体醇厚，回味悠长，如茅台酒；清香型白酒的特点是清香纯正，醇甜柔和，自然协调，余味爽净，如汾酒；浓香型白酒的特点是窖香浓郁，绵软甘洌，香味协调，尾净余长，如泸老窖特曲。此外，还有米香型和其他香型白酒。

茅台酒：享誉海内外的茅台酒是中国八大名酒之首，产于贵州省仁怀市茅台镇。以当地糯高粱为主料，用小麦曲酿制而成。最早的酒坊建于 1704 年，酒香味成分复杂，总醛含量高于其他名白酒，其中糠醛含量最高，9.11 毫克/100 毫升，β-苯乙酸也高，是典型的酱香型白酒，是国宴专用酒。

五粮液：原名杂粮酒，有 1 000 多年的生产历史，产于四川省宜宾县。五粮液以高粱为主料，混合大米、糯米、小麦和玉米，取岷江江心水，发酵期长达 70~90 天。现用的老窖系明代所建，酒质极佳，风味独具一格，口味醇厚，入口甘美，入喉爽净，各味协调，属浓香型，乙醇乙酯含量较高。

汾酒：产于山西汾阳杏花村，已有 1 500 余年历史。以当地粳高粱为原料，用大麦和豌豆作曲酿制而成。南北朝时就有"甘泉佳酿"之称，汾酒中琥珀酸乙酯含量为 1.36 毫克/100 毫升，比茅台酒约高 3 倍，是确定香型的重要成分。汾酒的特色是酒液无色，清香味美，味道醇厚，入口绵，落口甜，余味爽净，为清香型，是传统白酒的风格。

泸州老窖：产于四川省泸州市，已有 400 余年生产历史，1915 年荣获巴拿马万国博览会金奖。以当地糯高粱为原料，用小麦制曲，稻壳作填充剂酿制而成。现今的特曲是泸州曲酒中品级最高的一种，其次为头曲、二曲。特曲酒的香气以乙酸乙酯为主，辛酸乙酯和 2,3-丁二酯也较多，棕榈酸乙酯、油酸乙酯和亚油酸乙酯也比其他白酒多。特曲酒的风格是醇香浓郁，清冽甘爽，回味悠长，饮后犹香，有强烈的苹果香味，为典型的浓香型。

洋河大曲：产于江苏省泗阳县洋河镇，已有 300 多年的历史。以当地高粱为原料用大麦、小麦和豌豆作曲，用当地"美人泉"之水酿制而成，属浓香型酒。酒度分 60%（V/V）、62%（V/V）和 53%（V/V）3 种规格。

剑南春：产于四川省绵竹市，已有 300 余年的酿制历史。据考证，前身为绵竹大曲酒，以高粱混合大米、小米、玉米和糯米为原料酿制而成剑南春，具芳香浓郁、醇和回甜、清冽净爽、余香悠久等特点。

董酒：产于贵州省遵义市北郊董公祠，因那里有泉水漫流、环境优美的董公祠而得名。董酒以糯高粱为原料，用加了中药材的大曲和小曲酿制而成，有 200 余年的生产历史。董酒既有大曲酒的浓郁芳香，甘冽爽口之功，又有小曲酒的柔软醇和、回甜悠久之效。在各种高粱名酒中，董酒别具风味，独具一格，酒度分 60%（V/V）和 58%（V/V）两种。

古井贡酒：产于安徽省亳州市。亳州市的减店集古井水水质清澈透明，饮之微甜爽口，有"天下名井"之称。用此井水加上当地优质高粱为原料，再用小麦，大麦和豌豆制成的中温大曲共同酿制而成。此酒在明清两朝专供皇家饮用，故称古井贡酒，其特点是酒色如水晶，香醇如幽兰，入口甘美醇，回味经久不息，为浓香型。

中国高粱白酒生产有久远的历史。闻名中外的八大名酒无一不是用高粱作主料或佐料酿制而成，形成了中国独特的酿酒业，展现了中国酒文化的深厚底蕴。酿酒业是一些省份经济发展的重要产业之一，2020年四川省白酒产业的主营业务收入2 849.7亿元，占全国白酒营收48.8%，在四川省生产总值中占比达到5.9%。

二、高粱醋文化

高粱也是酿醋的优异原料，山西的醋文化源远流长。三晋大地是世界上最早用谷物酿醋的地方，早在《尚书·说命》中就有记载，见诸文字在公元前16世纪，但实际应用的时间要早得多。根据酒、醋同宗同源的时代分析，这种"酸味饮料"早在神农时期即已出现。据传说，醋是杜康之子黑塔发明。周公所著《周礼》和儒家经典《论语》中已经有了酿醋的文字记载；春秋战国时期出现了专门的酿醋作坊；北魏《齐民要术》一书中，记载的酿醋方法高达22种之多，其中一些沿用至今。

醋是一种重要的酸性调味品。中国北方的优质醋大都用高粱为原料酿制而成，具有质地浓稠、酸味醇厚、富有清香的特点。山西老陈醋、辽宁喀左陈醋、天津独流老醋等都是高粱酿制的名醋。

特别值得提到的应该是山东高密打造的文化"红高粱"旅游王国。众所周知，《红高粱》作为莫言小说创作的重要代表作品，是一部表现高密人民在抗日战争中的顽强生命力和充满血性与民族精神的经典之作。1988年，由张艺谋执导，改编自莫言的同名小说的《红高粱》电影，获得第38届柏林国际电影节金熊奖，成为首部获得此奖的亚洲电影。不得不说，《红高粱》成为一部让人们走进莫言文学世界，走进高密东北乡，感受中国人精气神的经典之作。"特色文化＋旅游""特化文化＋演艺""特色文化＋研学"的多种生动实践，让莫言笔下和电影中的《红高粱》世界活了起来，变得真实可感，形成文化两创的"高密东北乡实践"，更好地满足了游客文化消费，也取得了可观的经济效益。

第三节　青稞文化与产业

　　青藏高原有许多具有象征意义的东西，高大的雪山、辽阔的草原、成群的野生动物、淳朴好客的藏族同胞，而青稞无疑是最具地域特色和文化内涵的农作物。由于特殊的自然环境，青稞从古至今一直是青藏高原的主要粮食作物。用青稞加工的青稞酒、糌粑等食物，长期以来是青藏高原及其周边高寒地区的农牧民的主要食物。在 3 000 多年的栽培利用过程中，青稞还逐渐演化成为该地区的一种文化象征。尤其对在青藏高原生活过的人们来说，青稞已不仅仅是一种食物，更被赋予诸多情感、精神、地域、民族等文化内涵。青稞在青藏高原上有悠久的种植历史，形成的内涵丰富、极富民族特色的青稞文化是藏族文化的重要部分。青稞文化根深蒂固于藏族人民的生活之中，放射出其独有的乡土文化气息。

一、青稞的历史文化

　　在藏区流传着许多有关青稞种子来历的神话、传说、歌谣等，内容多为记载狗、鸟、鹤等动物带青稞种子到人间的过程。最具有代表性的一则是录入《藏族文学史》里的神话故事《青稞种子的来历》。

　　传说有一个名叫阿初的王子，从蛇王那里盗来青稞种子，结果被蛇王发现，把他变成了一条狗。后来一个大土司的女儿爱上了他，他又恢复了人身。他带领乡邻辛勤耕耘青稞，吃上了用黄灿灿的青稞磨成的香喷喷的糌粑，喝上了醇香的青稞酒。人们在每年收完青稞，尝新青稞磨成的糌粑时，先捏一团糌粑给狗吃，以示感激狗给人们带来青稞种子。至今，在藏区还保留着过年和青稞尝新时先敬狗，不打杀狗、不食狗肉的习俗。深受藏传佛教影响的藏地当然少不了青稞等粮食是观音菩萨赐予的说法，《西藏王统记》记载，圣者（指观音菩萨）"从须弥山缝间，取出青稞、小麦、豆、荞、大麦，播于地上"。藏族人民感念文成公主的恩德，也有把青稞归功于文成公主带入青藏高原的说法，其中之一是文成公主直接带青稞入藏，人教版辅助教材课文《文成公主进藏》就采用了这样的观点，"她从京城带上青稞、豌豆、油菜、小麦、荞麦等种子和各种耕种技术，还有许多铁匠、木匠、石匠，也跟着文成公主一起进藏了"。还有一种说法，则是文成公主进藏后拿出五谷种子及菜籽，教人们种植。蚕豆、油菜能够适应高原气候，生长良好，大麦却不断变种，最后长成了藏族人喜爱的青稞。

关于青稞起源的传说，在高原各地还有很多不同的版本，但在这些故事中，无一例外都会将第一粒青稞种子的出现视作是延续高原文明的关键。这类传说虽然带有明显的宗教神话色彩，但仍然体现了青稞在藏族人民心中的重要地位。而巧合的是，自20世纪末期以来众多科学考古的发现也证明，青稞确实在高原文明的发展史上扮演了举足轻重的角色。从目前的发现来看，至少在距今3 500年前，青稞就已经生长在地球第三极的高寒土地上，为藏族人民的祖先提供着宝贵的能量。在考古学家发现的早期高原遗址中，青稞往往还会与粟米等作物共同出现，但是随着时间的推移，青稞就凭借着耐寒、耐旱、耐贫瘠的坚韧品质，逐渐成为了地球第三极上最重要的农业作物，并在此后孕育和滋养了灿烂的雪域文明，如藏族历史上最辉煌的吐蕃王朝就兴起于盛产青稞的雅隆河谷地带。中原王朝历史文献的记载也说明青稞自古以来就是雪域高原上最重要的谷物之一。直到今天，青稞依然是地球第三极上最重要的农作物。正是因为青稞对于高原文明的重要性，生活在地球第三极上的居民也一直对这种古老的谷物抱有超乎寻常的感恩和敬畏之心。在藏地，至今保留着开犁播种和开镰收割时的庄重仪式，开播那天人们像过节一样穿戴一新，聚集在地头以青稞酒和桑烟祭祀天地诸神，并在牛角和犁把扎上红花，由德高望重的老人下达开犁的号令，手摇经轮祈求天道平安。在大片的青稞地金浪翻滚的时节，人们又在地边搭建帐篷，烹牛宰羊，欢庆祝福，包着头巾的女人们背着厚重的金刚经，成群结队穿行于地块之间，她们高唱祈祷的歌谣，飘逸的裙裾在青稞穗间刷刷作响。

从自然条件看，青稞因为比其他喜凉作物具有更强的环境适应性与抗逆性，成为能适应青藏高原较恶劣自然生态条件的优势作物。因为很多地区雨热条件并存，青藏高原地区更适合种青稞，无法种植小麦、水稻等，即使种植其他作物，面积占比也非常小。从地理环境来看，地理条件的限制使得物资调入成本高。粮食作物的生产必须立足于本地资源，青藏高原粮食自给只能依靠青稞的生产来保证。外部调入的粮食因运输等问题，数量有限，运输成本的增加导致价格较高，只能作应急之用。这一现状更强化了青稞在藏区农业生产中的重要地位。原来交通不方便的时候，外面的东西大批量调到青藏高原是非常困难的，只能立足于青藏高原当地资源，来满足当地人群日常的饮食需要。从民族习惯看，糌粑作为藏族长期繁衍生存的基本食品，其主体消费群体会随藏族人口的增加而持续扩大，同时，青稞对于保持与保护藏民族传统饮食文化也起着主导作用。从宗教文化来讲，青稞是藏族文化的重要载体，青稞从物质文化延伸到精神文化领域，在青藏高原上形成了内涵丰富、极富民族特色的青稞文化。原始、神秘的藏文化往往与青稞交织在一起，青稞文化扎根于藏族人民的生活之中，展现出其独有的文化气质。青稞在保护藏文化中起着无法替代的作用。青稞不仅仅是一个普通的农作物，宗教文化已经渗透到青稞里面了。比如说逢年过节，重大宗教仪式，还有传统的节日中，青稞作为文化符号经常出现在藏区。

说青稞不能不说青稞酒。青稞酒对于藏族人民来说，是喜庆、欢乐、幸福、友好的象征，绝非"消愁"之用品。藏族人民豪放、热情，男女老幼均爱好喝青稞酒。但长期的佛教思想的影响，又使藏族人养成了"饮酒有节制"的传统，平时一般是不随便饮酒的，但在喜庆、欢乐的时候，则总是要饮得酣畅尽兴方休。因青稞酒性平和，喝醉的人较少，尽管有饮醉者，但藏族人民绝少有酗酒者。藏族的婚礼中离不开青稞酒。提亲时要带上"提亲酒"，女方如允则要同饮"订婚酒"；迎新娘时，半途要设"迎亲酒"，新娘辞家时要饮"辞家酒"；婚宴中要共饮"庆婚酒"。藏族人民极好客，对客人敬上一碗青稞酒，是表示主人好客之心如酒力一般热烈，友情如酒味一样浓厚悠长。藏族人民过年过节都要饮青稞酒，以示庆祝。就像汉族大年初一早上吃汤圆，以祝全家这一年团圆、圆满一样，藏族大多数地方都在年初一早上喝八宝青稞酒"观颠"（将红糖、奶渣子、糌粑、核桃仁等放入青稞酒和煮的稀粥样食品），以祝愿全家在新的一年中丰收、幸福、吉祥。青稞磨成的糌粑是藏族人民的主要食品。糌粑的制作方法十分简单，先将青稞晒干炒熟，然后用水磨或电磨磨成糌粑面，不除皮。相传在过去用手磨制作糌粑，但比较粗糙。有关资料显示，糌粑的营养价值高于稻谷、玉米和一般小麦粉。藏族人民吃糌粑首先在碗里放上 1/3 多的酥油茶，然后放上适当的糌粑，用手不断搅匀后捏成糌粑团，即可食之。另外，还可以煮成稀粥吃，藏语叫"糌土"。藏族人民们习惯于把糌粑装在画有龙、凤、树叶等图案的木制糌粑盒里摆设或食用，有的糌粑盒用金、银、铜来包装，十分昂贵，过去只有达官贵人才用得起，如今一般百姓家里也随处可见。为了外出携带方便，藏族人民们还习惯于把糌粑放在布口袋或皮口袋里携带外出，同时带上油、茶、盐及碗，只要有热水就能美餐一顿。在宗教节日中藏族人民还要抛撒糌粑，以示祝福；在举行盛大煨桑时，人们不但要往火里洒点水，还要投入糌粑等。这种糌粑文化的魅力是其他民族少见的。

二、青稞产业

今天，青稞在高原发展中的重要意义愈发凸显出来。其一，青稞耐寒性强，是适应性最广的粮食作物。其二，青稞是少数民族和山区农民群众的食粮。他们所吃的糌粑和酥油炒面都以青稞为主要原料。其三，青稞是酿造工业的重要原料。高原地区酿造啤酒、白酒、酒精、麦芽糖的主要原料是青稞。著名的互助系列青稞酒等都是以青稞为原料酿制而成的。其四，青稞是发展养殖业的饲料。青稞蛋白质含量较高（14.81%），饲用价值也高，青稞的茎秆质地柔软，富含营养，适口性好。随着人们膳食结构的变化及产业结构的调整，青稞的饲用地位及其在酿造业中的重要地位更加明显，发展青稞特色农业前景十分广阔。

青稞是藏区农产品加工业的重要原料，青稞产业是藏区农牧业的主导产业和特色优势产业，是农牧区经济发展和农牧民经济收入的基础。青稞生产是推动藏区畜牧业、带动藏区加工业、稳定藏区社会经济、加强民族团结的纽带，也是调整农村牧区经济结构、切实解决好"三农"问题、促进藏区经济繁荣、社会稳定的关键措施，生产地位举足轻重。青稞产业的稳定与发展关系到藏区群众的温饱与致富，故而有"青稞增产，粮食增产，青稞增值，农民增收"的说法。近50多年来，藏南、藏东南、藏东、环（青海）湖、甘南、甘孜等产区先后经历了2~5次生产品种更换，青稞良种覆盖面已达到80%左右。随着灌溉、施肥、病虫害防治和农机、化肥、农药、农膜等现代生产技术得到全面的应用，全区域青稞平均单产由36千克/亩提高到185千克/亩，是1951年的5倍多。在主体消费群体藏族人口增加1倍以上、总播种面积减少近20%、人均面积不足1亩的情况下，全区域青稞总产达到99.4万吨，藏族人均青稞拥有量达到184千克，比解放初净增约100千克。

第六章 禾谷类杂粮产业发展趋势与对策建议

第一节　禾谷类杂粮产业发展趋势

一、优质专用品种培育和推广速度加快，种业科企合作进一步加强

近年来，国家高度重视种业发展，对谷子、高粱、青稞等禾谷类杂粮育种支持力度进一步加大。随着基因编辑、分子检测等现代分子育种手段运用，创制抗除草剂、香味等突破性种质速度加快。在谷子育种方面，商品性、适口性兼优的夏谷品种，抗除草剂、中矮秆品质与晋谷21相当的春谷品种，以及株型直立、超高产谷子品种培育是未来5年的发展趋势。在高粱育种方面新品种选育由酿造为主向多用途转变。为满足乡村振兴战略、健康中国战略以及现代农业发展对高粱不同品种需求，高粱育种目标在继续满足高端白酒、高端食醋酿造需求的同时，开始向籽粒饲料用途、青贮饲料用途、能源用途、食用、帚用以及造纸业、板材业和色素业转变。在国家政策推动下，商业化育种发展趋势明显。在国家重点研发专项中，由企业承担，科学家担任首席的攻关模式发展趋势明显，也进一步促进了科企合作。由于企业直接面向市场、面向生产，新品种育成后由企业快速推广，将进一步提高成果转化效率。

二、机械化、智能化、信息化技术在生产应用上提速明显

随着物联网、北斗导航、自动驾驶、机器人制造、无人机、人工智能等创新科技在农业领域的应用越来越广泛，农机装备赛道创新热情持续高涨。全球范围

内农机装备向自动化、智能化方向发展已经成为大势所趋。谷子、高粱、青稞等禾谷类杂粮多分布在丘陵旱地，机械化、智能化水平较大作物差距明显，但随着社会的发展，在劳动力成本越来越大的情况下，将倒逼杂粮生产向机械化、智能化方向发展。自动驾驶、农业机器人、特殊地形农机、新能源农机等将加快和杂粮生产结合，机械化、智能化、信息化技术在杂粮生产上应用提速明显。

三、禾谷类杂粮品牌化发展趋势进一步加快

生产力转型升级、消费转型升级以及生态价值转型升级是农业发展新趋势。其中，针对消费转型升级，在农业食品领域，则映射出对品质、营养健康需求的提升，为满足消费者日益增长的消费需要，农业品牌化、订单农业以及全程监管溯源成为农业发展的新趋势。品牌贯穿农业生产、加工、流通、消费全过程，引领着农业产业全链条升级，加快推进品牌强农是增强我国农业竞争优势、推动从农业大国向农业强国转变的战略举措。近年来，我国杂粮品牌化发展趋势显著，形成了省域、市域、县域以及企业品牌体系，如山西小米、河北小米、延安小米、敖汉小米、武安小米、沁州黄小米等品牌建设成效显著。未来，在政策支持以及企业自身发展需求下，品牌建设进一步提速，品牌化优势进一步凸显。

四、生态需求、增粮需求将促进禾谷类杂粮生产面积呈现恢复性增长

谷子、高粱、青稞等禾谷类杂粮抗旱、耐瘠、环境友好，是化肥农药双减、压采地下水、季节性休耕区的良好替代作物。河北省黑龙港流域实行"一季休耕、一季种植"，将主要依靠抽取地下水灌溉的冬小麦种植面积适当压减，只种植雨热同季的玉米、油料作物和耐旱耐瘠薄的杂粮杂豆等作物，减少地下水用量。同时，在大食物观、新一轮千亿斤粮食产能提升行动背景下，充分发掘杂粮增产潜力，在干旱半干旱、盐碱地等边际土地发展杂粮生产，是增加粮食生产的重要途径，将逐步被业界以及政府部门认可。预计禾谷类杂粮生产将在我国镰刀弯地区、季节性休耕区、压采地下水区等区域种植呈恢复性增长。

五、种业、科研、产业融合呈加快发展趋势

目前，谷子、高粱等杂粮种子企业规模小、龙头企业少，自主研发能力较弱，育种主要在科研单位。随着谷子、高粱等杂粮生产恢复性增长，带动种业发

展，种业企业和科研单位合作将更加密切。同时，种子企业对消费端也高度重视，小米加工企业、小米集散地愿意收购的谷子品种也是企业需求品种，市场需求品种成为企业的首选品种，也成为育种单位的育种目标，这一趋势在近年来尤为明显。因此，未来种业、科研、产业融合将呈现加快发展趋势，共同推动禾谷类杂粮产业健康发展。

六、国际小米年将助推谷子高粱等杂粮产业高质量发展

联合国粮农组织将多种小颗粒旱地谷物统称为小米，主要包含谷子（Foxtail millet）、高粱（Sorghum）、稗子（Barnyard millet）、珍珠粟（Pearl millet）、龙爪稷（Finger millet）和苔芙（teff）等品种。这些作物具有抗旱耐瘠、营养丰富、粮饲兼用、种植历史悠久等特点，在对全球气候变化、粮食短缺、营养不良方面将发挥重要作用。为唤起政府、社会大众、企业对小米作物的再认识，联合国粮农组织将 2023 年确定为国际小米年，致力于充分发掘小米的巨大潜力，让价格合理的小米食物为改善小农生计、实现可持续发展、促进生物多样性、保护粮食安全和营养作出新贡献。中国学术、产业等组织也将开展系列论坛、研讨和产业发展会议，通过国际小米年系列活动，将对政府、企业、协会发展杂粮作物产业产生积极的促进作用。

第二节　禾谷类杂粮产业发展对策建议

一、优化全国杂粮区域布局，推进产业高质量发展

2021 年，农业农村部印发了《"十四五"全国种植业发展规划》，仅把青稞列入其中，谷子、高粱等杂粮均未列入发展规划。建议农业农村部相关部门针对当前大食物观、千亿斤粮食产能提升行动，组织相关专家依据各区域资源禀赋、生态特点、产业竞争力制定《全国杂粮产业发展发展规划》，优化杂粮生产区域布局，逐步恢复太行山、燕山丘陵区、黑龙港低平原区杂粮生产面积，促进全国杂粮产业转型升级和绿色高质量发展。

二、开发多元化产后加工产品，推动杂粮产业转型升级

1. 加大对杂粮加工企业的支持力度，鼓励提高研发、加工转化能力

杂粮营养平衡、人体必需。随着消费者膳食消费理念的转变与消费结构的不断升级，消费需求日益旺盛。但不可否认，人们对未来食品的要求是安全、营养、美味、好吃、快捷、方便，追求品质、品牌。而目前杂粮企业多数还停留在原粮初加工阶段，不好吃、不便捷，品质不高，品牌不响问题突出。建议政府、科学家、企业家、金融、保险、农民"六家握手"共同发力，打造杂粮加工品牌企业；给予政策支持，延伸产业链条，从初级加工、深加工、精深加工等方面建立杂粮产业加工体系；瞄准多样化市场需求，以突破杂粮精深加工技术为重点，优化产品结构，细分消费人群。例如，开发适合老人、儿童、学生、孕妇等不同消费群体的产品，提高产品附加值，稳步扩大杂粮产品市场份额，形成"以加促销，以销带产"的良性循环。

2. 开发基于杂粮的人造食品，扩大杂粮消费

相比于传统食品制造，人造肉蛋奶食品能够将土地使用效率提高 1 000 倍，节约用水 90% 以上。美国 HamptonCreek 公司将豌豆和多种杂豆混合，研发"人造蛋"，产品营养价值和味道与真蛋相似。瑞典 OATLY 公司开发的燕麦奶风靡欧美，目前在中国 1 300 多家咖啡店有售，在精品咖啡店掀起了消费新潮流，比传统牛奶减少了 80% 的碳排放。建议实施人造杂粮传统食品省级重点研发专项，构建细胞工厂种子，以车间生产方式合成人造奶、肉、油、蛋等，实施颠覆性技术路线，开发色香味俱全健康营养的杂粮人造产品，促进杂粮消费。

三、加强在收储和流通方面的政策支持，确保杂粮产业可持续发展

1. 将谷子等杂粮纳入河北省粮食收储范围，给予政策性支持

由于谷子耐储存、营养丰富，自古就是官仓大量储积的"战备粮"和"救命粮"，除用于战争外，也是赈济救灾的主要手段。十六国时期的石勒，南宋爱国将领岳飞靠着以小米为主的"钱钱饭"战无不胜。毛主席深情地说："长征后，我党像小孩子生了一场大病一样，是陕北的小米，延河的水滋养我们恢复了元气。"目前，谷子等杂粮消费形式单一，多以粥饭为主，市场需求量有限，面积与价格不稳。杂粮大多种在贫困地区，为农民的主要收入来源之一，扩大种植面

积，价格就可能会降低，可能会出现增产不增收现象。扩大杂粮的销售出路在于加工转化，但是企业实现加工转化需要稳定的谷子货源，种植面积受市场价格波动影响，致使总产量小，远远不能满足企业转化的需求，导致了投资深加工领域的企业数量极少、延伸产业链产品研发严重滞后。专家指出，凡是起源于中国的作物都带有皮壳，利于贮藏，是中华文明历史得以延续以及战胜各种大灾大难的重要原因。为了提高农民扩大种植杂粮的积极性，稳定加工企业货源。建议在杂粮主产区试点启动对杂粮保护性收购机制，作为战备粮、应急粮纳入国家政策性收购范围，制定最低保护收购价格，以稳定市场价格。同时，给予地方杂粮储备以政策支持和储备补贴支持，使杂粮储备成为农民生产和企业消化的促进剂。

2. 大力加强杂粮流通领域支持力度

目前，杂粮农产品存在环节多、成本高、损耗大、效率低等诸多问题。杂粮产品小生产难以与大市场对接、交易手段比较传统和单一、"卖难买贵"现象持续存在，已成为制约杂粮流通以及产业发展的关键问题。建议加大杂粮流通领域的支持力度：一是杂粮集散地和农产品批发市场的提档升级，建设标准化交易专区、检验检测中心、加工中心、仓储物流中心、配送中心的建设力度，改变传统农产品交易模式，推行电子结算，增强对国内外市场辐射力度；二是大力提升农产品流通主体组织化水平，建立农产品流通合作社，发展企业带农户的流通组织，培育大型农产品流通企业，培育市民化商户和多元化零售商；三是加快现代流通模式创新，大力发展农产品电子商务，鼓励农产批发市场建设社区"直供店 + 流通"，带动基地和农产品品牌建设。

四、倡导和扩大杂粮消费，服务健康中国战略

由于杂粮产量低、难以规模化生产等问题，谷子等小作物逐渐退居到了杂粮地位。随着科技进步，这些难题都已突破。在全国倡导消费杂粮，促进杂粮产业发展，这对于提高居民身体素质，打造健康中国，全面建成小康社会，实施乡村振兴战略，保障粮食安全都具有重要的战略意义。为此，应从居民日消费、中小学生消费以及饲料消费等方面扩大杂粮消费。

1. 重构中华民族膳食结构，扩大杂粮日常消费

杂粮营养丰富、药食同源，曾长期作为主粮培育了中华文明，重构以五谷杂粮配伍为主的膳食结构对推进健康中国具有重要意义。黍米膳食纤维是大米的6倍，维生素超过大米的4倍；小米铁、钙、硒等微量元素是大米的3倍，每100

克小米含色氨酸 202 毫克，为谷类之首，有调节睡眠之功效。国家谷子高粱体系研究表明，小米膳食通过抑制糖异生、促进糖酵解、抑制炎症因子等多角度控制血糖的升高；每 50 克燕麦含亚油酸相当于 10 粒脉通的含量；美国的研究表明，每天吃 60 克燕麦可使胆固醇平均降低 3%；英国的研究表明，每天早上喝一碗燕麦粥，可将心脏病死亡率降低 6%。因此，建议在国人中倡导杂粮消费，构建适合中国居民的合理膳食结构，让杂粮成为人们餐桌的日常食品，杂粮日常消费占主粮的比例由目前的 3%~5% 上升到 10%~20%，消费量每天在 100~200 克。

2. 弘扬杂粮文化，实施中小学生食育行动

中小学生是祖国的未来。目前，我国的中小学生身体素质不仅与欧美学生有差距，而且，与日韩的学生也拉大了距离。以日本为例，他们为解决肥胖症、高血压等健康问题，专门针对儿童颁布了《食育基本法》，以解决"吃什么、怎么吃"的问题，强调食育乃生存之本，更是智育、德育和体育的基础，每日学生免费午餐以传统食品为主，并要求学生自己动手，培养学生"身土不二"的情趣，与爱乡、爱国、爱家人、爱环境相连。实施 10 年后，日本具备食品安全基础知识的国民比例达到 72%，继承传统料理年轻人 49.3%，减少食物浪费居民比例 67.4%，体验农牧渔国民比例 36.2%，日本已经成为世界最长寿的国家。建议我国应借鉴日本食育文化经验，实施中小学生食育行动，实施中小学生免费午餐计划，将饮食健康教育纳入教育体系，构建适合我国中小学生的合理饮食结构，弘扬杂粮饮食文化、农耕文明。通过饮食教育告诉孩子们自己从哪里来，如何健康成长，还可以培养学生的爱国主义精神，增强他们的国家认同、民族认同和文化认同。

3. 在国家饲料标准中，增加中国杂粮元素

在我国农业发展历史上，杂粮的籽粒、麸皮和秸秆一直是作为优质饲料，能明显提升畜禽产量和品质。例如，青贮甜高粱饲草喂奶牛，产奶量较饲喂青贮玉米秸秆提高 10% 以上；用高粱替代饲粮中部分玉米不仅对育肥猪的生长性能无负面影响，还能够通过提高肌肉中部分不饱脂肪酸含量而改善肉品质；谷子秸秆鲜草蛋白含量 14%，干草蛋白含量 8%，能显著提升牛、羊、马、驴等牲畜等抗病性。而现在我国饲料配方多照搬西方标准，与我国国情和畜禽饲养环境有差异，造成饲养动物免疫力低下，抗病性差，使得抗生素及添加剂滥用，污染环境。建议要加强杂粮饲料利用研究，以杂粮籽粒和秸秆配伍原则，构建中国特色健康饲料标准，这对扩大杂粮饲料利用、畜牧产业健康发展具有重要意义。

五、加强杂粮品牌建设，促进产业转型升级

品牌农业是推进农业高质量发展、农业供给侧结构性改革、提升农业产业竞争力、促进农民增收以及乡村振兴的重要手段。目前，我国杂粮产业存在着大而不强、品牌多而不优等问题，主要的原因还是在于杂粮知名品牌少、区域公用品牌打造不足。建议充分利用地区资源禀赋、历史文化，从企业品牌、区域公用品牌入手，着力加强杂粮品牌建设，推出杂粮知名品牌，讲好中国故事、地域故事，提高杂粮知名度和消费意愿；设立特色优势产业专项，集中打造一批区域公用品牌；通过设立区域公用品牌建设专项、积极争取国家相关项目，为区域公用品牌建设提供项目支撑；通过高铁、高速公路广告牌、电视、报纸、微信等多渠道，加强区域公用品牌的宣传和打造；建立全域质量追溯与监测系统，从播种、田间管理、收获、加工、储运、销售等全产业链建立二维码系统，实现杂粮质量全环节可追溯，确保杂粮品质和质量；探索建立种植、养殖、加工、休闲体验于一体的一二三产业融合发展的示范园区，提升产业原有生产、经营、管理和服务的水平，强化产业各环节的融合，推动全产业链的拓展与延伸，促进产业转型升级。

六、宣传杂粮健康营养知识，引导大众杂粮消费

当前，我国谷子等特色杂粮产业正处于重大机遇期，各省特色杂粮产业快速发展。例如，山西省小米、敖汉小米纷纷登陆高铁、中央电视台甚至纽约时代广场，有力拉动了优质小米消费。研究表明，大众对杂粮历史、文化、营养知识了解越多，杂粮消费意愿越强烈。国家谷子高粱体系拍摄的谷子专题片《粟说：一粒小米的故事》2018 年 12 月在 CCTV-7 播出后，直接受众达到 3 000 万人次，多家网络媒体转播，引领了小米的消费。为此，建议国家应组织食品、营养、农学、文化领域专家学者撰写有关杂粮营养、文化、历史知识的科普文章，增强民众对杂粮的认知水平；结合地方食物资源、饮食习惯、传统食养理念，宣传以杂粮配伍为主的膳食结构的食品制作方法、健康营养知识和保健功能等；发挥我国杂粮文化历史悠久的特点，拍摄适应不同目标消费群体的专题片，利用各类新媒体手段定向、精准地将科普信息传播到不同人群，从而促进国人的杂粮消费。

七、加强信息监测预警，保障市场平稳运行

近年来，小米、绿豆等杂粮农产品市场波动较大，一个重要原因就是供求信息不畅导致的生产和消费严重脱节。优化资源配置、提质增效，围绕市场需求安排生产，提升农产品供给结构的适应性和灵活性，形成更有效率、更有效益、更可持续的农产品供给体系是我国推进农业供给侧结构性改革重要内容。建议建立杂粮信息监测预警团队，组织全产业链分析、及时做好市场运行形势研判，及时组织完成杂粮品种月度、季度、年度全产业链信息分析报告，强化市场供需形势分析与研判，及时发布生产、价格、供求等信息，有效引导生产和经营者及时均衡上市销售，避免价格大起大落，促进市场稳定运行。通过给农户提供可靠的"先导性"信息，指导农户根据未来的供需情况来决定当前的生产。这种农业现代化管理方式的创新，可以全面监控分析农产品生产、流通、消费等各个环节的信息数据，促进产销及时对接、平衡供需，进而有效减少农产品市场的大幅波动和价格的大起大落。同时，运用大数据等技术手段，增强对全产业链的调控能力，让各环节能够合理分享利润。

参考文献

班胜林，2016.山西省谷子产量与气象条件的关系分析［R］.山西省气候中心，2016-10-20.

编辑委员会，2012.马鸿图高粱文集［M］.北京：中国农业出版社.

陈卫军，魏益民，张国权，等，2000.国内外谷子的研究现状［J］.杂粮作物（3）：27-29.

陈文华，2002.农业考古［M］.北京：文物出版社.

刁现民，2008.谷子产业化发展的现状与未来［J］.农产品加工（3）：10-11.

刁现民，2011.中国谷子产业与产业技术体系［M］.北京：中国农业科学技术出版社：20-30.

丁超，张建华，白文斌，等，2017.高粱田常用除草剂对高粱生理生化及产量品质的影响［J］.作物杂志（5）：149-155.

董怀玉，侯志研，卢峰，等，2018.几种药剂对辽宁高粱主要病虫害的防控效果评价［J］.农药，57（5）：387-390.

董怀玉，姜钰，徐秀德，2003.高粱抗病虫优异种质资源鉴定与筛选研究［J］.杂粮作物，23（2）：80-82.

董怀玉，徐秀德，刘彦军，等，2000.高粱种质资源抗高粱蚜鉴定与评价研究［J］.杂粮作物，20（2）：43-45.

董怀玉，徐秀德，刘彦军，等，2001.高粱种质资源抗靶斑病鉴定与评价［J］.杂粮作物，21（5）：42-43.

段有厚，孙广志，邹剑秋，等，2008.亚洲玉米螟在高粱上蛀孔分布及其与产量损失的关系［J］.辽宁农业科学（4）：16-18.

段有厚，邹剑秋，朱凯，等，2006.高粱抗螟育种研究的进展［J］.杂粮作物，26（1）：11-12.

傅大雄，阮仁武，戴秀梅，等，2000.西藏昌果古青稞、古小麦、古粟的研究［J］.

作物学报（04）：392-398，513-514.

高强，2003.姜炎文化与粟作文化［J］.宝鸡社会科学（1）：30-33.

古世禄，1981.《齐民要术》记载谷子品种不是 86 个［J］.山西农业科学（10）：13.

古世禄，1984.谷子产量形成的基本规律［J］.山西农业科学（Z1）：67-69.

古世禄，古兆明，骈跃斌，2006.山西谷子（粟）的栽培史［J］.农业考古（4）：
　　168-176.

郭瑞峰，张建华，曹昌林，等，2017.2 种安全剂减轻烟嘧磺隆残留对高粱药害的作
　　用［J］.山西农业科学，45（8）：1335-1337，1356.

何红中，赵博，2010.古代粟名演变新考［J］.中国农史（3）：12-19.

侯毅，2007.从最近的考古发现看北方粟作农业的起源问题［J］.北方文物（2）：
　　16-19.

华林甫，1990.唐代粟、麦生产的地域布局初探［J］.中国农史（2）：33-42.

贾思勰，2009.齐民要术今释［M］.石声汉，校译.北京：中华书局.

柯福来，朱凯，邹剑秋，2016.密度对高粱品种辽杂 19 群体子粒灌浆的效应［J］.
　　作物杂志（5）：141-146.

李东辉，1988.谷子"商品化"刍议［J］.作物杂志（3）：36.

李顺国，刘猛，刘斐，2018.河北省谷子产业发展研究［M］.北京：中国农业科学
　　技术出版社.

李顺国，刘猛，张新仕，等，2022.河北省杂粮产业发展研究［M］.北京：中国农
　　业科学技术出版社.

李顺国，刘猛，赵宇，2011.谷子种植意愿的影响因素分析［J］.贵州农业科学，39
　　（11）：45-48.

李顺国，王艳青，刘斐，等，2015.我国谷子产业发展模式的探索与启示——以河北
　　武安、山西沁州黄公司谷子发展模式为例［J］.中国经贸导刊，4（4）：8-11.

李扬汉，1979.禾本科作物的形态与解剖［M］.上海：上海科学技术出版社.

李志华，卢峰，邹剑秋，等，2018.除草剂封地对高粱生长发育和籽粒产量的影响
　　［J］.辽宁农业科学（1）：30-32.

刘斐，刘猛，赵宇，2015.半干旱区谷农采用化控间苗技术影响因素实证研究［J］.
　　科技管理研究，35（14）：110-113.

刘猛，李顺国，2022.河北省谷子产业发展报告（2016—2020 年）［M］.北京：中国
　　农业科学技术出版社.

刘猛，刘斐，夏雪岩，等，2016.自然降雨与旱地谷子单产水平关系研究——以武安市为例［J］.中国农业资源与区划，37（9）：48–51.

刘新红，2014.青稞品质特性评价及加工适宜性研究［D］.西宁：青海大学.

刘正理，程汝宏，李素英，2004.谷子目标性状基因库育种法在高产、优质、多抗新品种选育中的应用［J］.华北农学报，19（增刊）：45–47.

卢庆善，1999.高粱学［M］.北京：中国农业出版社.

卢庆善，丁国祥，邹剑秋，等，2009.试论我国高粱产业发展——二论高粱酿酒业的发展［J］.杂粮作物，29（3）：174–177.

卢庆善，邹剑秋，石永顺，2009.试论我国高粱产业发展——四论高粱饲料业的发展［J］.杂粮作物，29（5）：313–317.

卢庆善，邹剑秋，朱凯，等，2009.试论我国高粱产业发展——一论全国高粱生产优势区［J］.杂粮作物，29（2）：78–80.

卢庆喜，张志鹏，卢峰，等，2009.试论我国高粱产业发展——三论甜高粱能源业的发展［J］.杂粮作物，29（4）：246–250.

卢庆喜，邹剑秋，朱凯，2010.试论我国高粱产业发展——五论高粱产业发展的科技支撑［J］.杂粮作物，30（1）：55–58.

马建萍，王志，王余兰，1988.山西省谷子生产的现状及展望［J］.国外农学·杂粮作物（5）：33–35.

马金丰，李延东，王绍滨，2010.黑龙江省谷子生产现状与产业化发展对策［J］.黑龙江农业科学（4）：139–141.

马金丰，李延东，王绍滨，2010.浅谈黑龙江省谷子生产现状、存在问题及发展思路［J］.中国农技推广，26（2）：20–21.

马文龙，谢明杰，李建华，等，2006.浅谈安阳市谷子产业化发展［J］.现代农业科技（2）：40，66.

尼玛扎西，2017.青稞的前世今生［J］.中国保健营养（5）：34–42.

强小林，巴桑玉珍，扎西罗布，2011.青藏高原区域青稞生产现状调研考察初报［J］.西藏农业科技，33（1）：36–38.

强小林，迟德钊，冯继林，2008.青藏高原区域青稞生产与发展现状［J］.西藏科技（3）：11–17.

乔魁多，1988.中国高粱栽培学［M］.北京：农业出版社.

任月梅，李荫藩，杨忠，2010.朔州地区谷子产业发展现状和建议［J］.杂粮作物，

30（4）：312–313.

申礼成，张海江，2006.中华文明源［Z］.武安：武安市文化体育局.

石兴邦，2000.下川文化的生态特点与粟作农业的起源［J］.考古与文物（4）：
　　17–57.

宋吉香，2006.建国以来有关粟的研究综述［J］.农业考古（4）：163–167.

宋镇豪，2002.中国风俗通史·夏商卷［M］.上海：上海文艺出版社：126–145.

隋丽君，石玉学，马世均，1986.高粱苗期受冷害后恢复性能的研究简报［J］.辽宁
　　农业科学（5）：54–56.

王桂荣，张新仕，王慧军，等，2013.河北省谷子单产水平变化与成因分析［J］.农
　　业现代化研究，34（3）：353–357.

王慧军，李顺国，李明哲，2009.与时俱进、消费引领、科技支撑，重新构建我国现
　　代谷子产业体系［C］.首届全国谷子产业大会文集：83–89.

王慧军，王志军，2013.五谷文化纵横［M］.石家庄：河北科学技术出版社：1–130.

王劲松，董二伟，武爱莲，等，2017.灌溉时期与施氮量对矮秆高粱产量和品质的影
　　响［J］.灌溉排水学报，36（S2）：1–8.

王纶，王星玉，温琪汾，2008.优质谷子品种选育与高产栽培技术［J］.山西农业科
　　学，36（11）：53–56.

王小勤，林君，刘洋，等，2019.酿酒有机高粱苗期地下害虫防治试验研究［J］.酿
　　酒科技，2（5）：29–33+37.

王艳秋，张飞，朱凯，等，2020.抗旱型高粱开花前期和后期应对水分亏缺的生理调
　　节研究［J］.山西农业大学学报（自然科学版），40（3）：37–44.

卫斯，1994.试论中国粟的起源、驯化与传播［J］.古今农业（2）：6–10.

吴昆仑，迟德钊，2011.青海青稞产业发展及技术需求［J］.西藏农业科技，33
　　（1）：4–9.

吴昆仑，赵媛，迟德钊，2012.青稞 Wx 基因多态性与直链淀粉含量的关系［J］.作
　　物学报，38（1）：71–79.

辛宗绪，刘志，赵树伟，等，2015.不同种植密度对高粱辽杂18号生长发育及产量
　　的影响［J］.中国种业（11）：47–49.

徐菲，2015.青稞品质评价及活性成分性质研究［D］.西宁：青海大学.

徐廷文，1975.从甘孜野生二棱大麦的发现论栽培大麦的起源和种系发生［J］.遗传
　　学报，2（2）：129–137.

徐廷文，1982.中国栽培大麦的起源与进化［J］.遗传学报（6）：440-446.

徐秀德，2002.玉米高粱病虫害防治［M］.北京：科学普及出版社.

徐秀德，董怀玉，姜钰，等，2004.高粱抗病虫资源创新与利用研究［J］.植物遗传
　　资源学报，5（4）.

徐秀德，董怀玉，杨晓光，等，1996.辽宁省高粱红条病毒发生与鉴定简报［J］.辽
　　宁农业科学（5）：47-48.

徐秀德，刘志恒，2012.高粱病虫害原色图鉴［M］.北京：中国农业科学技术出
　　版社.

闫凤霞，常建忠，曹昌林，等，2016.拔节期和灌浆期不同阶段灌水对高粱农艺性状
　　及产量的影响［J］.作物杂志（4）：123-126.

杨有志，1966.高粱保苗的耕作播种技术经验［J］.辽宁农业科学（1）：65-67.

叶昌建，2011.中国饮食文化［M］.北京：北京理工大学出版社：53.

游修龄，1990."禾""谷""稻""粟"探源［J］.中国农史（2）：28-33.

游修龄，1993.稻作史论集［M］.北京：中国农业科技出版社：202-207.

游修龄，1993.黍粟的起源及传播问题［J］.中国农史，12（3）：1-13.

游修龄，1994.粟的驯化细节与农业起源［J］.中国农史，13（1）：72-77.

袁顺庭，1991.科学种谷子亩产超千斤［J］.河北农业科技（4）：6.

张超，张晖，李冀新，2007.小米的营养以及应用研究进展［J］.中国粮油学报，22
　　（1）：51-55，78.

张飞，王艳秋，朱凯，等，2020.除草剂复配对海南高粱田杂草防除效果及安全性评
　　价［J］.山西农业大学学报（自然科学版），40（3）：85-92.

张姣，吴奇，周宇飞，等，2018.苗期和灌浆期干旱—复水对高粱光合特性和物质生
　　产的影响［J］.作物杂志（3）：148-154.

张姝，潘映雪，隋虹杰，等，2016.高粱播后苗前和苗后除草剂的初步筛选［J］.东
　　北农业科学，41（1）：78-80，99.

张树森，1990.种谷农谚解［M］.北京：中国农业科技出版社：3.

张新仕，王桂荣，王慧军，2011.农户种植张杂谷影响因素实证分析［J］.中国农学
　　通报，27（12）：191-195.

张雪峰，2013.中国谷子产业发展问题研究［D］.哈尔滨：东北农业大学.

张云，刘斐，王慧军，2013.谷子产业与文化融合发展新探［J］.产经评论（10）：
　　56-62.

张云，王慧军，2014.中国粟文化研究［M］.北京：中国农业科学技术出版社.

赵治海，2009.国家谷子产业技术体系（河北）调研报告［J］.现代农村科技（20）：45-47.

政协武安市委员会学习文史委员会，1997.磁山文化综览［Z］.武安：武安文史资料第5辑.

朱凯，刘培斌，张飞，等，2018.高粱二代螟虫发生规律及诱捕器防治效果评价［J］.辽宁农业科学（6）：1-4.

朱凯，张飞，柯福来，等，2018.种植密度对适宜机械化栽培高粱品种产量及生理特性的影响［J］.作物杂志（1）：83-87.

朱品松，2007.阜新市谷子产业化发展对策［J］.内蒙古农业科技（1）：77-78.

朱绍新，1995.东北地区高粱栽培历史考证［J］.杂粮作物（5）：23-27.

BADR A, SCH R, RABEY H E, et al, 2000. On the origin and domestication history of barley (*Hordeum vulgare*) ［J］. Molecular Biology and Evolution, 17 (4): 499-510.

CHEN F H, DONG G H, ZHANG D J, et al, 2015. Agriculture facilitated permanent human occupation of the Tibetan Plateau after 3600 B.P ［J］. Science, 347 (6219): 248-250.

DAI F, NEVO E, WU D, et al, 2012. Tibet is one of the centers of domestication of cultivated barley ［J］. Proceedings of the National Academy of Sciences, 109 (42): 16969-16973.

LV H Y, ZHANG J P, LIU K-B, et al, 2009.Earliest domestication of common millet (*Panicum miliaceum*) in East Asia extended to 10 000 years ago ［J］. Proceedings of the National Academy of Sciences of the United States of America, 106: 7367-7373.

MOHAMMAD P, GOETZ H, BENJAMIN K, et al, 2015. Evolution of the Grain Dispersal System in Barley ［J］. Cell, 162 (3): 527-539.

MORRELL PL, CLEGG MT, 2007. Genetic evidence for a second domestication of barley (*Hordeum vulgare*) east of the Fertile Crescent ［J］. Proceedings of the National Academy of Sciences of the United States of America, 104 (9): 3289-3294.

REN X F, NEVO E, SUN D, et al, 2013. Tibet as a potential domestication center of cultivated barley of China ［J］. PLoS One, 8 (5): e62700.

ZENG X, GUO Y, XU Q, et al, 2018. Origin and evolution of qingke barley in Tibet ［J］. Nature Communications, 9 (1): 5433.